WS
ウェッジ
選書

Solar System
Guidebook

まるわかり
太陽系
ガイドブック

科学ジャーナリスト
寺門和夫
Kazuo Terakado

ウェッジ

まるわかり 太陽系ガイドブック

Solar System Guidebook

まえがき

左の写真は、天体写真家の藤井旭さんが2002年5月2日に、猪苗代湖畔で撮影したものです。夕方の西の空に、水星、金星、火星、土星、木星が並んで輝いています。太陽系天体の一員である地球も、もちろん手前の風景として写っています。

私はこの素晴らしい写真を見ると、人類ははるか昔から星空に明るく輝く惑星に深い関心をもち、太陽系の秘密を解き明かそうとしてきたのだという思いを新たにします。

現代では、探査機や強力な望遠鏡などによる観測、月の石や隕石の分析、コンピューターによる計算などによって太陽系の天体についての理解が進み、惑星やその衛星と環、さらにはその他のさまざまな小天体について驚くべき事実が次々と明らかにされています。惑星科学は日々、めざましい発展を遂げているといってよいでしょう。

本書は、そうした最新の成果をふまえながら、太陽系の天体について多くの方々にご理解いただけるよう解説したものです。

私たちの太陽系について、皆様の関心が少しでも深まればと願っています。

撮影：藤井 旭

目次

太陽系 Solar System

恒星である太陽と、
そのまわりをまわる天体を太陽系と呼ぶ。
太陽から一番遠い惑星までは、約45億キロメートル。
地球を含む惑星は、どのように壮大な体系に中に生まれ、
それぞれどのような変化を経て今の姿になったのか。
漆黒の宇宙空間に誕生した太陽系のふしぎに迫る。

太陽系には8個の惑星があります。太陽に近い方から水星、金星、地球、火星、木星、土星、天王星、海王星です。地球を含む内側の4個の惑星は岩石からできており、「岩石惑星」とよばれています。その外側の木星と土星の主成分は水素ガスとヘリウムガスで、「ガス惑星」とよばれます。この2個の惑星は非常に巨大で、その質量は惑星全部をあわせた質量のうち約90%を占めています。その外側にある天王星と海王星は主に水の氷からできており、「氷惑星」とよばれます。ガス惑星よりサイズは小さいですが、岩石惑星にくらべればかなりの大きさです。

このように、太陽系の惑星は内側から岩石惑星、ガス惑星、氷惑星という順番でならんでいます。このような惑星の並び方は太陽系の起源と密接に結びついていると考えられています。

◆太陽系の誕生

それでは、太陽系はどのようにしてできたのでしょうか。現在標準的に考えられている理論によれば、太陽系は次のようにしてつくられました。

太陽系の誕生は今から約46億年前にさかのぼります。水素ガスやヘリウムガス、そして細かいちり(固体の微粒子)が集まった分子雲の中で、特に濃い場所が重力によって収縮をはじめ、周囲のガスを集めていきます。そのきっかけは、近くで起きた超新星爆発の衝撃波だったかもしれません。大量のガスが重力で収縮してできた天体の中心で核融合反応が起きます。水素原子4個が融合してヘリウム原子ができる反応です。このとき膨大なエネルギーが生じます。こうして原始太陽が輝きはじめ、その周囲には原始太陽系円盤とよばれるガスとちりの円盤がつくられました。

原始太陽系円盤の中ではちりが集まって、直径数キロメートルの微惑星《びわくせい》とよばれる小天体が無数につくられました。微惑星はさらに衝突と合体を繰り返し、次第に成長していきます。太陽に近い場所、すなわち現在の岩石惑星があるあたりでは、火星くらいのサイズの原始惑星が数十個できたと考えられています。これらの原始惑星がさらに衝突と合体を繰り返し、最終的に現在の水星、金星、地球、そして火星がつくられました。

誕生したばかりの太陽を取りまく原始太陽系円盤の想像図（提供：ESO）

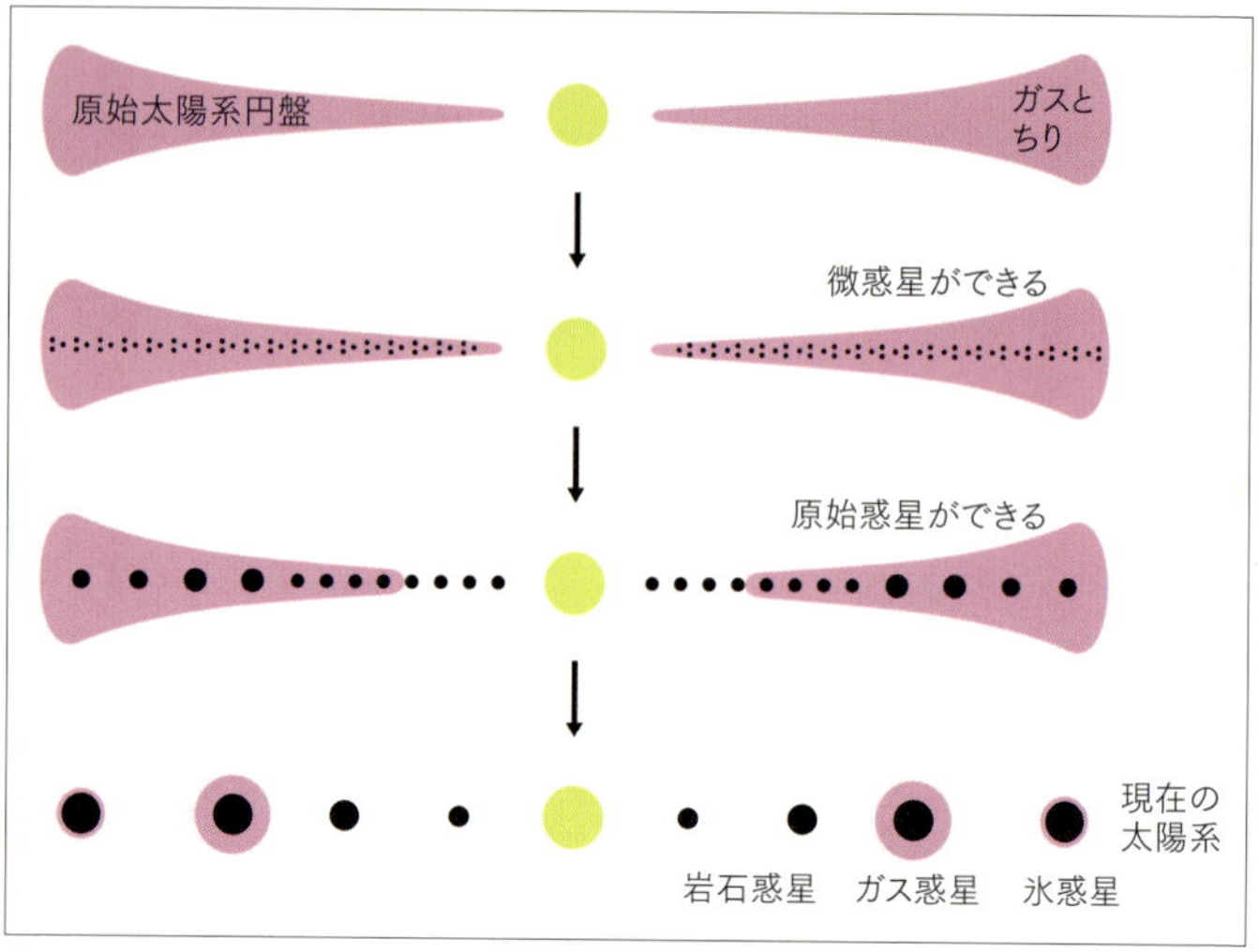

太陽系が形成されたプロセス（参考：小久保英一郎2008）

岩石惑星より外側の領域は太陽から離れているため温度が低く、水が気体ではなく氷の状態で存在していました。そのため、この領域では、原始惑星は氷をかき集めながら成長していきます。そしてある程度の質量になると、周囲にあるガスを急激に取り込みはじめ、巨大なガス惑星に成長しました。これが現在の木星と土星です。

さらにその外側、現在天王星や海王星が存在するあたりでも原始惑星は氷を集め成長しました。しかしこのあたりまでくると、原始惑星が太陽をまわる周期は長くなります。ゆっくり太陽をまわっているために衝突や合体の回数は少なく、成長のスピードは遅かったと考えられています。天王星と海王星ができていく頃にはガ

太陽系誕生直後に起こっていた原始惑星同士の衝突の想像図

スはあまり残っていませんでした。そのため、ガスをあまりもたない氷惑星が生まれたのです。

太陽系の惑星はこのようにして、岩石惑星、ガス惑星、氷惑星という順番で内側からできていったと考えられています。

◆体系の中心・太陽

太陽の直径は地球の１０９倍、質量は地球の33万倍もあります。その成分はほとんど水素とヘリウムで、水素が全体の約90%、ヘリウムが約10%です。恒星の寿命はその質量によって決まります。太陽くらいの質量では、寿命は約１００億年です。太陽が誕生したのは46億年前ですから、太陽は現在、壮年期にあるといっていいでしょう。

太陽の中心部（コア）では、水素の核融合反応が

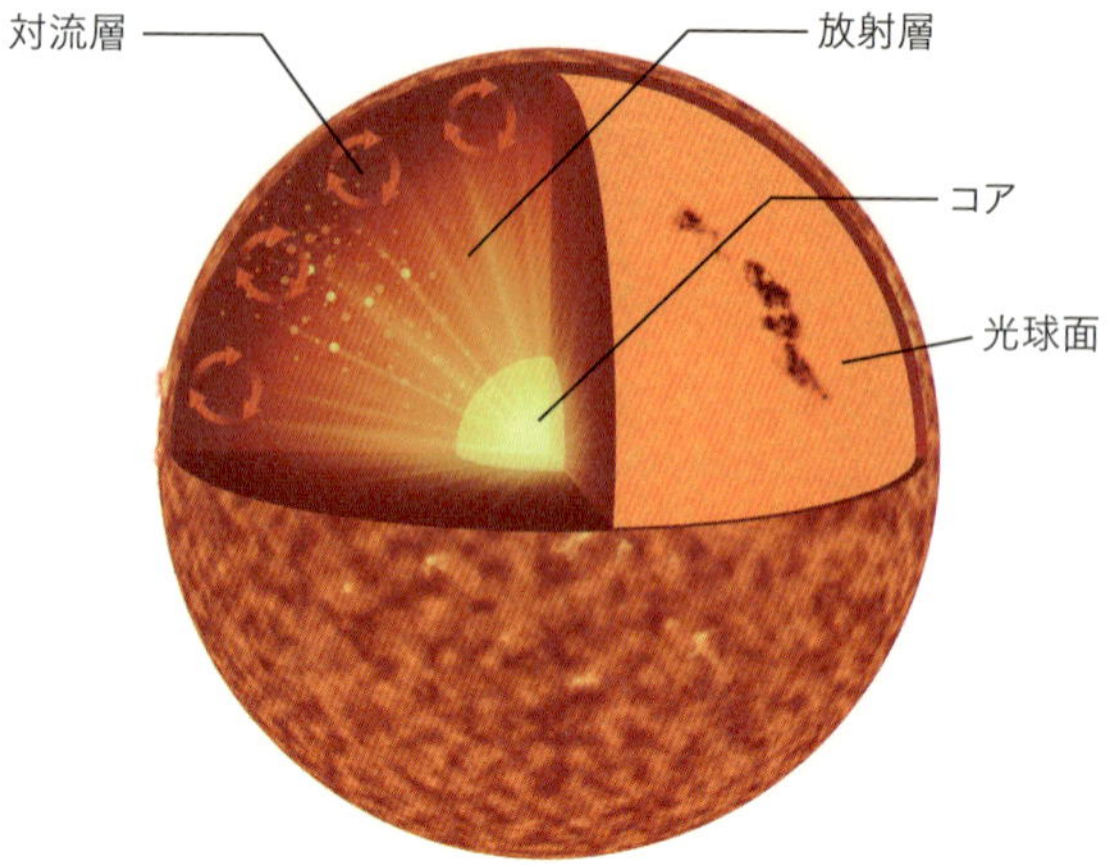

太陽の内部構造（イラスト：矢田 明）

起こっており、温度は約1600万℃です。ここで生じたエネルギーは内部の放射層、対流層とよばれる層を通って表面に運ばれます。太陽の表面温度は約6000℃です。私たちが望遠鏡で見ているのは、光球面とよばれるところです。この上に彩層《さいそう》、そしてコロナという大気の層があります。コロナは皆既日食のときにしか見えませんが、その温度は100万℃にも達しています。

　太陽ではときどきフレアとよばれる大爆発が起こっています。また黒点があらわれます。太陽の内部で磁場がつくられ、その磁力線が表面にあらわれた場所が黒点です。この部分は周囲より温度が少し低くなり、暗く見えるのです。太陽の活動には11年の周期がありま

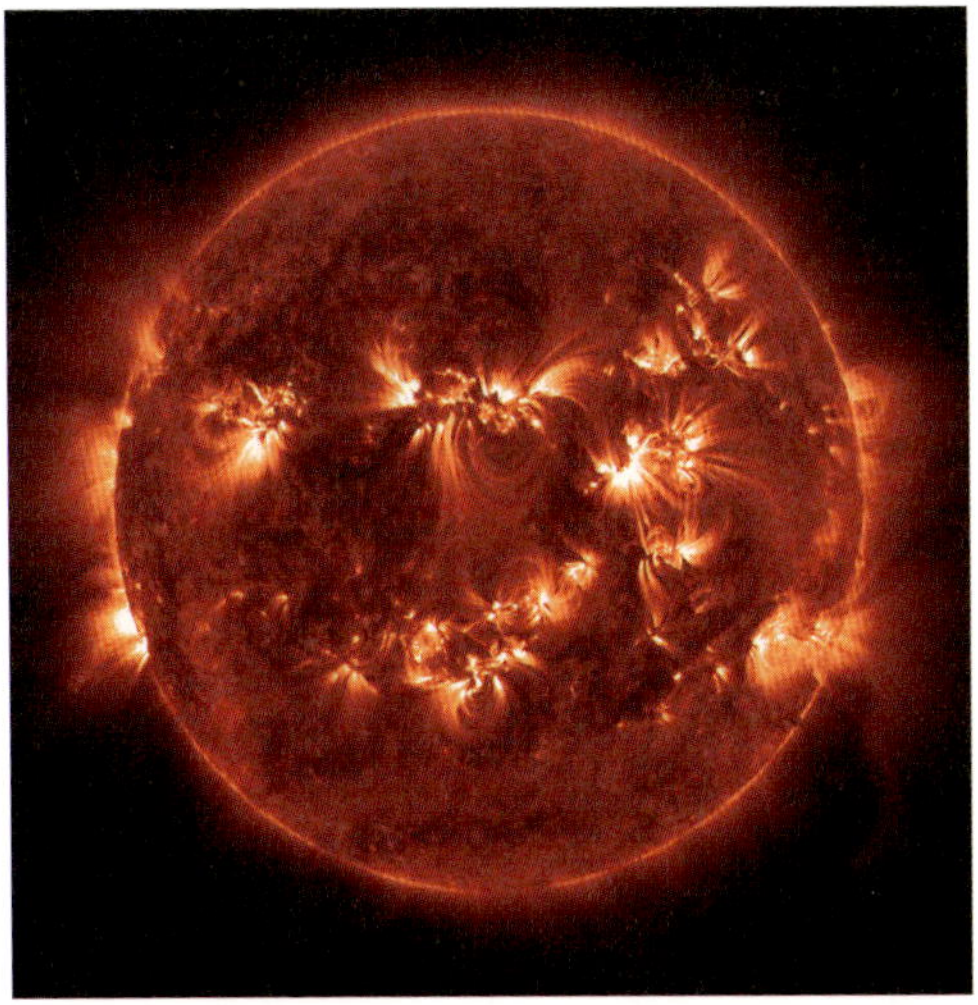

NASAの太陽観測衛星SDOが紫外線で撮影した太陽。表面にははげしい活動がある。

す。活動が激しい時期には黒点が増え、フレアがひんぱんに起こります。

太陽はその巨大な重力で太陽系の天体をつなぎとめているだけでなく、いろいろな形で放出されるエネルギーが太陽系の天体に影響を与えています。光のエネルギーはそのうち最大のものです。私たちが地球上で受け取っている太陽光エネルギーは、１平方メートルあたり約１・37キロワットです。このほか、赤外線や紫外線、X線なども太陽から放射されています。紫外線の一部やX線は私たち生命にとって有害ですが、地球には大気が存在し、これらが地表に届くのを防いでくれています。

また、太陽からは太陽風が吹き出し、太陽系空間に広がっていきます。太陽風とは高温のコロナでつくられたプラズマ、すなわち電気を帯びた粒子の流れです。太陽風は磁場も運んできます。そのため磁場をもつ惑星では、太陽風が惑星磁場に衝突し、惑星の周囲に磁気圏が形成されます。この磁気圏は太陽風やフレアで発生した高エネルギー粒子が表面にまで到達するのを防いでいます。

太陽風は惑星間空間をこえて、はるか彼方まで流れています。太陽風の影響のおよぶ範囲をヘリオポーズといいます。では、ヘリオポーズはどのくらいの範囲に広がっているのでしょうか。

2013年、NASAはボイジャー1号がヘリオポーズを出て、星間空間に出たと発表しました。このときの太陽からの距離は約180億キロメートル、太陽と地球間の距離の約120倍でした。

◆岩石惑星――水星、金星、地球、火星

岩石惑星は中心に鉄やニッケルからなる金属のコア（核）があり、そのまわりに岩石層があるという構造をしています。地球の金属のコアは内核と外核に分かれています。地球の中心部は超高温の状態です。内核では圧力が非常に高いため、金属は固体になっています。外核では、圧力が固体になるまでに達していないため、金属は液体状になっています。金星のコアも同じような構

造になっています。水星のコアの状態はよくわかっていないのですが、やはり、このように分かれているのではないかと考えられています。

誕生直後の原始惑星では衝突した小天体のエネルギーが熱に変わり、深いところまで溶けていました。このとき、鉄やニッケルの重い金属成分が中心に落ち込み、コアをつくったのです。惑星全体が冷えていくにつれて、岩石層でも軽い物質は表面に浮かんで地殻をつくり、重い物質は沈んでマントルとよばれる層をつくっていきました。このように、惑星が内部構造をもつようになるプロセスを「分化」とよんでいます。この分化というプロセスは惑星だけでなく、大きなサイズの衛星、すなわち地球の月や木星のイオ、エウロパ、ガニメデなどでも起こっています。

太陽系が誕生してからしばらくの間は、惑星は多数の小天体の衝突にさらされました。非常に古い時代の表面がまだ残っている水星、あるいは地球の衛星の月などの天体は、そのような激しい衝突の跡をとどめています。

天体の衝突跡はクレーターとよばれています。衝突した天体のサイズによってクレーターの形は異なります。小さな天体の衝突では表面にくぼみができるだけですが、大きなクレーターでは周囲に噴出物による縁ができ、中央にはセントラル・ピーク（中央丘）とよばれる高まりができます。さらに大きな衝突では、二重三重のリング構造がつくられます。直径が３００キロメートル以上の特に大きな衝突跡はベイスン（盆地）とよばれています。

金星や地球は今も活発に活動しており、表面は更新されています。惑星が形成されたときの熱がまだ内部に残っているのに加え、岩石中に含まれる放射性物質が出す熱が、その熱源になっています。

地球は磁場をもっています。つまり、地球全体が1つの巨大な磁石になっているのです。こうした磁場は、金属コアの中の液体となっている層で流動が起こり、ダイナモ作用という現象が起こることによって発生していると考えられています。惑星の磁場は、太陽からやってくるプラズマ（電気を帯びた粒子）が表面に降り注ぐのを防ぐバリアーの役目を果たします。水星にも磁場があります。しかし、水星の磁場のくわしい成因はよくわかっていません。金星と火星は磁場をもっていません。火星では過去に磁場があったことを示す残留磁場が存在することがわかっています。

◆ガス惑星——木星、土星

ガス惑星の中心部には、岩石と氷を主成分とするコアがあります。その上に分厚い水素の層があります。水素の層の下部では、高い圧力のために、水素が金属状態になっています。金属状態とは、水素原子が高い圧力のために圧縮され、原子核のまわりをまわっていた電子が自由に移動できるようになった状態のことをいいます。水素の層の上部では、水素は液体になっています。その上に水素とヘリウムを主成分とし、メタンやアンモニアなどを含む大気の層があります。

ガス惑星の磁場は、金属水素層のダイナモ作用でつくられていると考えられています。

木星と土星では多くの衛星が発見されています。このうち、木星のガリレオ衛星のようにサイズの大きな衛星は木星と一緒にできたと考えられています。一方、多数の小さな衛星は、ガス惑星の強大な重力に捕獲された天体と考えられています。

◆氷惑星——天王星、海王星

氷惑星の中心部にも、岩石と氷を主成分とするコアがあります。その上に分厚い氷の層があります。氷の成分は水、アンモニア、メタンです。氷の層の上に大気の層があります。氷惑星の大気には水素やヘリウムのほか、メタンやアンモニアも含まれています。天王星や海王星の大気にはあまり模様がみられません。どちらも青い色をしていますが、これは大気に含まれるメタンのせいです。

氷惑星の磁場の成因はよくわかっていません。氷の層の一部が電気を通す状態になっており、ここで流動が起こるためにつくられているのかもしれません。

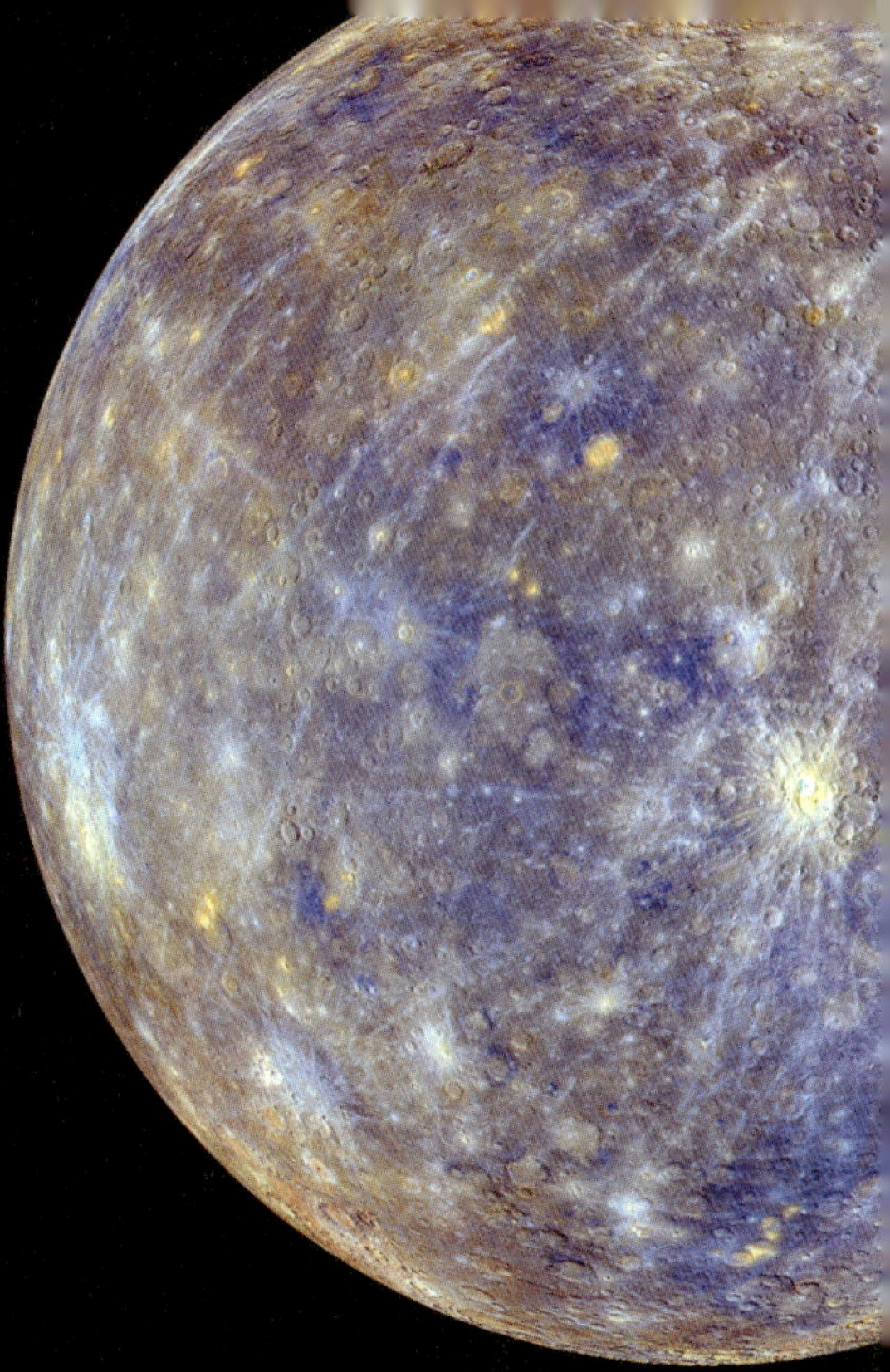

無数のクレーター、想像を絶する温度変化、
1年より1日が長い星。

水星

Mercury

◆太陽に一番近い惑星

　水星は太陽の一番近くをまわる惑星であり、一番サイズの小さな惑星です。

　太陽系の惑星の多くがほぼ円に近い軌道をまわっているのに対して、水星の軌道は少し楕円で、太陽に最も近づく近日点《きんじつてん》での距離は4600万キロメートルです。これは太陽と地球の平均距離の3分の1以下です。一方、最も離れた遠日点《えんじつてん》での距離は7000万キロメートルです。水星が太陽の近いところをまわっている時期に、私たちが水星の表面に立ったとすると、地球で見る3倍の大きさの太陽がはげしく輝く威容を見ることになるでしょう。

　その太陽の強烈な輻射《ふくしゃ》のために、水星表面の

メッセンジャー探査機が観測した水星。右上の明るい領域がカロリス・ベイスン

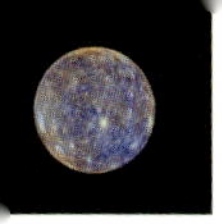

温度は最高で４３０℃にも達します。一方、水星には大気がないので、太陽光が当たっていない面ではマイナス１７０℃という寒さになります。

水星は87・97日で太陽を1周（公転）します。一方、自転周期は58・65日です。公転周期と自転周期は正確に3対2の関係になっています。水星が太陽を2回まわる間に3回自転するという関係です。このため、水星の1日は地球の１７６日という長さになります。太陽がぎらぎらと輝く暑い昼間が3カ月続き、そのあとに極寒の夜が3カ月やってきます。

◆探査機による発見

１９７３年、ＮＡＳＡ（アメリカ航空宇宙局）は水星に向けてマリナー10号を打ち上げました。マリナー10号は１９７４年に2回、１９７５年に1回、水星への接近を果たし、はじめて水星を間近から観測することに成功しました。3回の接近のうち2回は水星に１０００キロメートル以内にまで接近し、表面の地形の詳細な写真を撮影しました。マリナー10号から送られてきた画像によって、水星の表面は月と同じように多数のクレーターにおおわれていることがわかりました。巨大な衝突跡であるカロリス・ベイスンなど、興味深い地形も発見されました。しかし、3回の接近で観測した領域は、水星全表面の45％にとどまりました。

その後長い間、水星に探査機が打ち上げられることはありませんでしたが、NASAは2004年に水星探査機メッセンジャーを打ち上げました。メッセンジャーは水星に3回接近した後、2011年に水星を周回する軌道に入りました。その後約4年間、観測を続け、2015年5月に運用を終了しました。メッセンジャーの10年間におよぶ観測によって、水星全表面の詳しい地形が明らかになりました（本章扉写真。表面の物質の違いを表すために着色されている）。また、表面の物質組成や磁場、大気などに関しても貴重なデータが得られています。

◆クレーターだらけの表面

マリナー10号から送られてきた写真によっ

2004年に打ち上げられた水星探査機メッセンジャー。水星を周回しながら地表の組成や磁場の調査を行った後、2015年5月にミッションを終え水星に落下した。

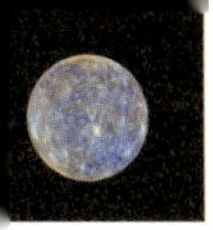

て、水星の表面は大小無数のクレーターにおおわれており、しかもそれらの年代が非常に古いものであることがわかりました。水星には大気も水もなく、地質活動も存在しません。浸食・風化作用や火山活動などによって表面の地形が更新されることはなく、古い時代のはげしい衝突の痕跡が今もそのまま残っているわけです。

水星の表面の様子は、月によく似ています。しかし、溶岩が内部から流出してきて固まった「海」にあたる部分は、月の海ほど暗くありません。水星の溶岩（玄武《げんぶ》岩《がん》）は月や地球の溶岩のような暗い色はしておらず、光を反射する率が高いため、明るく見えるのです。また、月の地形は高低差が約20キロメートルありますが、水星では約10キロメートルです。月にくらべて平坦な天体といえます。

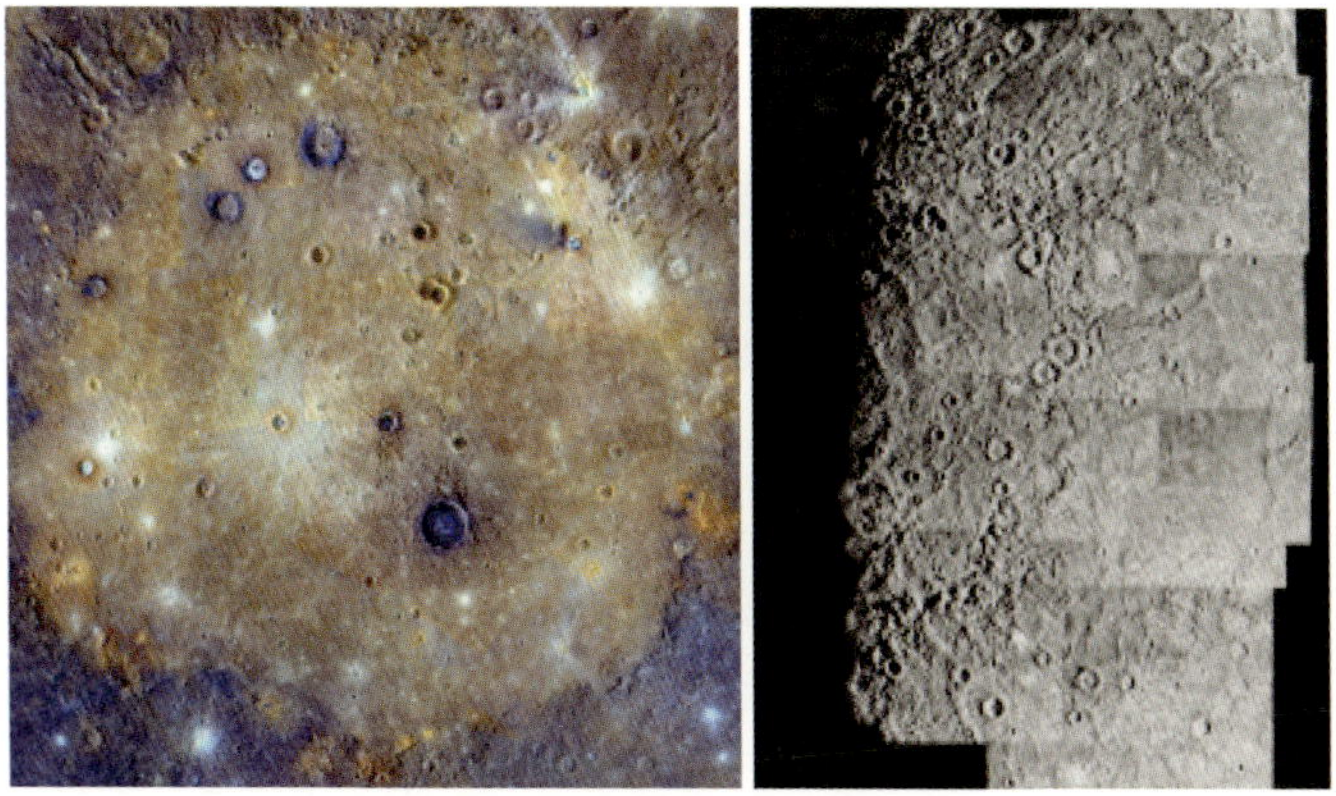

左はメッセンジャー探査機により得られたカロリス・ベイスンの全容。右はマリナー10号の写真で、カロリス・ベイスンの東（右）半分が写っている。

水星で最も目立つ地形は、北半球の高緯度にあるカロリス・ベイスンです。カロリス・ベイスンは太陽系最大級の衝突跡で、マリナー10号によって1974年に発見されました。しかしこの時、マリナー10号はカロリス・ベイスンの東の部分をとらえただけで、ベイスン本体は影の部分に入っていました。そのため、マリナー10号はベイスンの全容を知ることはできませんでした。

2008年にメッセンジャーによってカロリス・ベイスンの全体像が明らかになりました。その結果、ベイスンの直径はマリナー10号の画像からの推測値である1300キロメートルよりも大きく、1550キロメートルであることが明らかになりました。水星の直径の約3分の1の大きさです。太陽系の天体には、直径の3分の1以上に達する衝突跡はまれにしか存在しません。そのような巨大な大衝突が起これば、多くの場合、その天体自体が破壊されてしまうからです。

カロリス・ベイスンは衝突によってできた多重リングをもっています。これと同じような多重リングをもつ巨大衝突跡が月にあります。直径930キロメートルの月のオリエンターレ・ベイスンですが、カロリス・ベイスンはこれよりもはるかに規模の大きな衝突跡です。

カロリス・ベイスンは今から約38億年前の大衝突でできたと考えられています。46億年前に太陽系が誕生した頃は、原始惑星に次々と小天体が衝突していました。このようなはげしい衝突は、その後次第におさまっていきましたが、39億年前頃に、再びはげしい衝突の時代が訪れました。カ

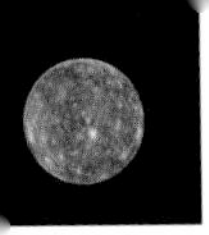

ロリス・ベイスンはこの時期が終わる頃に形成されたと考えられています。
大衝突によってできたカロリス・ベイスンのくぼみは、月の海と同じように溶岩によって埋められました。衝突跡を埋めた溶岩は太陽光を反射する率が高く、周囲より明るく見えます。カロリス・ベイスンのほぼ中央には放射状に溝が分布しています。この溝はカロリス・ベイスン全体が周囲と同じ高度になるまで隆起し、その際に拡大したためできたと考えられています。

この放射状の溝の中心部分にアポロドーロスという直径40キロメートルのクレーターがあります。放射状の溝はこのクレーターができたときの衝撃でできたように見えるのですが、両者は関係なく、アポロドーロスはずっと後の時代になってつくられたクレーターなのです。

古い地形のわりに、クレーターが少なく、平らな表面が残っているのもカロリス・ベイスンの特徴です。ベイスン内のクレーターの中には、内部が暗く見えているものもあります。ベイスンを埋めた溶岩の下にある物質が、衝突によって顔をだしたもののようです。

レンブラント・ベイスンはカロリス・ベイスンと同じ時期にできた衝突跡で、直径は７１６キロメートルあります。この時代には、こうした大衝突が次々に起きていたのです。

二重のリングをもつラフマニノフ・ベイスンも大きな衝突跡で、直径は３０５キロメートルあります。ただし、このベイスンは非常に若い衝突跡で、今から10数億年前にできたとみられてい

スイカの模様のように光条（レイ）が刻まれたホクサイ・クレーター

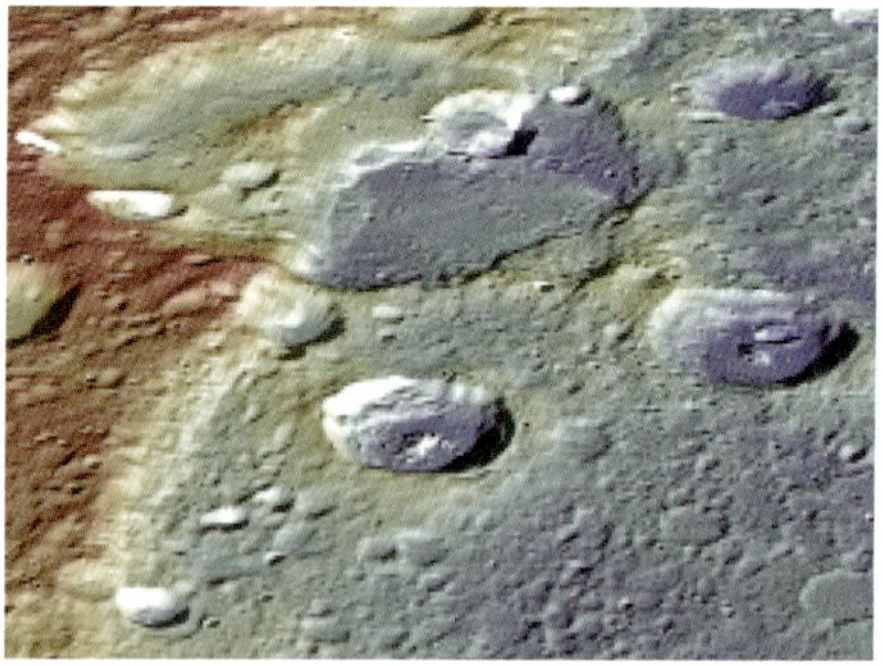

高さの違いを色で示した水星の表面。赤い場所は高く、青い場所は低い。赤色と青色の境目は大きな崖になっている。温度変化による収縮が生んだ特徴的な地形だ。

ます。

クレーターの中には、放射状に広がる明るい筋をもつものがあります。この明るい筋は光条《こうじょう》（レイ）とよばれており、衝突の際に内部の物質が掘り起こされ、周囲に噴き飛ばされてできたものです。光条をつくっている物質はやがて太陽風や微小粒子の衝突などによって明るさを失っていきます。したがって、光条をもつクレーターは年代の若いクレーターといえます。水星のクレーターには、芸術家の名前がよくつけられます。葛飾北斎からその名前をとられたホクサイ・クレーターには、水星でもっとも見事な光条がみられます。ホクサイは水星の北半球にある直径93キロメートルのクレーターです。光条の長さは最大4500キロメートルに達し、その広がりは北半球全域に及んでいます。

水星には巨大な断崖が全球にわたって多数存在します。例えばディスカバリー断崖は高さが2キロメートルあり、長さが650キロメートルにおよびます。こうした断崖は、水星が収縮したためにできた断層と考えられています。誕生直後の水星は非常に高温で、深いところまで溶けている状態でしたが、やがて冷えていきます。このとき、中心部のコアは直径が数キロメートルも収縮しました。これによって水星全体が収縮することになり、断崖ができたのです。

崖の想像図

水星の極に存在するクレーターの中には、その内部に太陽光が永遠にささない「永久影《えいきゅうかげ》」ができるものがあります。こうしたクレーターの底には水の氷が存在しているらしいことが、地上からのレーダー観測で明らかになっています。

◆大きな金属のコア(核)

水星は非常に大きな金属のコアをもっています。マリナー10号の観測によって、半径2440キロメートルの約75%に相当する半径約1800キロメートルのコアがあると推定されました。ところがメッセンジャーの観測の結果、コアのサイズはさらに大きいことがわかりました。現在ではコアの半径は2000キロメートルあると考えられています。水星全体の半径の約80%です。ちなみに半径約6370キロメートルの地

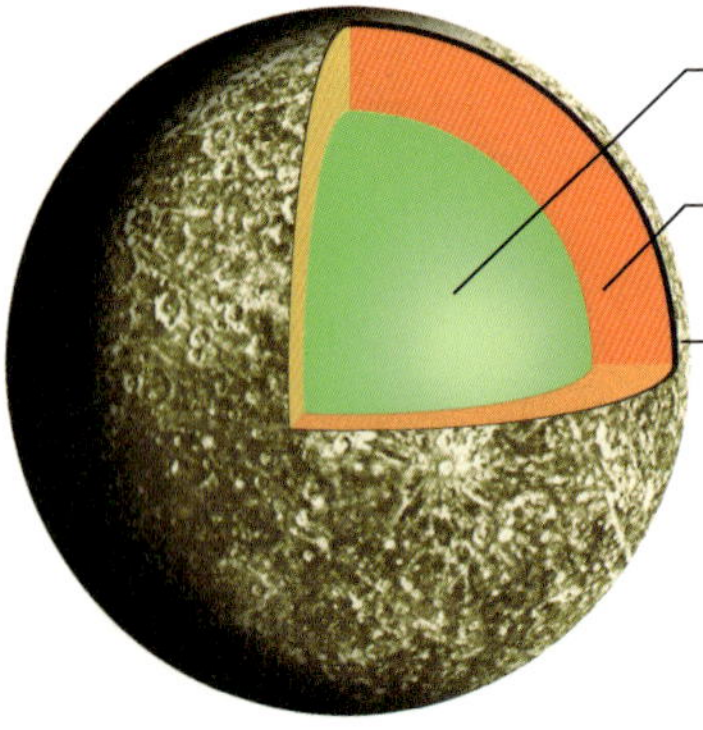

水星の内部構造(イラスト:矢田 明)

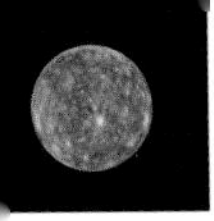

球の場合、コアの半径は約３０００キロメートルです。

水星には地球の１００分の１ほどの強さの磁場があります。惑星の磁場は、液体のコアが流動するため発生すると考えられています。したがって水星のコアも、中心部は固体ですが、そのまわりに液体の層があると考えられています。その上に地殻とマントルを合わせた岩石の層があります。岩石層の厚さは４００キロメートル程度です。コアと岩石層の間には鉄と硫黄の化合物からなる層が存在すると考えられています。

水星がこのような大きなコアをもっている理由は、明らかではありません。微惑星の衝突・合体で原始水星が形成されていった際に、鉄のコアが成長しやすい状態だったという説や、原始水星にもう１つの天体が衝突し、マントル層をはぎとってしまったという説などがあります。

水星についてはまだわからないことが多く残されていますが、現在、新たな水星探査としてベピコロンボ計画が進められています。ベピコロンボはＥＳＡ（ヨーロッパ宇宙機関）と日本の国際共同計画で、ＥＳＡの探査機ＭＰＯと日本の探査機ＭＭＯの２つの周回機を一緒に打ち上げて、水星を多角的に観測します。水星の起源や進化のプロセスの解明に期待が寄せられています。

水星
伝令の神と錬金術

地球から見る水星はいつも太陽の近くにあり、日没直後の西の空か、夜明け前の東の空にしか見ることができません。古代の人たちも、それを知っていました。それだけではなく、水星が西や東の星空を素早く動いていくことも知っていました。惑星が太陽のまわりをまわるスピードは、内側の惑星ほど速いのです。そこで古代ギリシアの人たちは水星に、足の速い伝令の神であるヘルメスの名をつけました。

ヘルメスは旅人や商人の守護神であり、音楽や知恵の神でもあります。ヘルメスは翼をもつサンダルを履き、ケーリュケイオンとよばれる杖をもち、しばしば帽子をかぶっている姿で描かれます。ケーリュケイオンは不思議な力をもった杖で、柄に2匹の蛇がまきつき、頭の部分には翼がついています。水星をあらわす記号は、このケーリュケイオンの杖をモチーフにしたものです。

紀元2世紀のアレクサンドリアで天動説を確立したプトレマイオス（プトレミー）は、メソポタミア以来の占星術をまとめた書『テトラビブロス』もあらわしています。プトレマイオスは当時知られていた5つの惑星と地上の金属を結びつけ、水星を水銀に対応させました。ヘルメスはローマ神話ではメルクリウス（英語ではマーキュリー）です。水銀にはラテン語で別の名前があったのですが、やがて水銀は「マーキュリー」とよばれることになりました。

中世からルネサンス期のヨーロッパでは錬金術が流行しました。錬金術は占星術とも結びついています。水星＝水銀は、錬金術においてすべての金属のもととなると考えられる重要な存在でした。

　錬金術にとってヘルメス神は、別の意味でも重要でした。錬金術の世界ではヘルメス・トリ

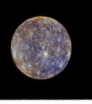

アンドレア・マンテーニャ『パルナッソス』（1497年）の一部。天馬ペガススを連れ、ケーリュケイオンの杖をもつヘルメスが描かれている。翼を飾った赤い帽子をかぶり、羽根のあるサンダルを履いている。（提供：アフロ）

スメギストスが錬金術師の祖であり、最高の錬金術師とされています。実在の人物ではないようです。その名はギリシア神話のヘルメス神とエジプト神話のトート神を合体させたものです。ヘルメス神の知恵が宇宙の神秘を解き明かし、賢者の石をつくることを可能にすると考えられていたのです。

ギリシア神話に登場するアスクレピオスは、1匹の蛇がまきついた杖をもつ医者で、各地をまわって病人を治しました。このため、アスクレピオスの杖は現代でも医学のシンボルとして使われています。ケーリュケイオンの杖はアスクレピオスの杖と似ているため、この2つは昔から混同されることがあり、ケーリュケイオンの杖が医業をあらわすマークに使われることもあります。

金星 *Venus*

明るく輝く一番星は、
生命のいない地球の「双子星」。

◆地球の双子星

地球のすぐ内側をまわる金星は、「宵の明星《みょうじょう》」「明けの明星」として、夕方や明け方に明るく輝く惑星です。

金星は地球の双子星といわれることもあります。金星の直径は地球の95％、質量は地球の80％と、ほぼ同じです。そのため、金星には地球と似た環境があるのではないかと考えられたこともありました。しかし、実際の金星は地球とずいぶん違っています。金星には主に二酸化炭素からなる濃い大気があり、表面での気圧は90気圧にも達します。表面温度は４８０℃もの高温になっています。これは鉛さえもが溶けてしまう温度です。とても生命が住める環境ではありません。

金星大気の高度50～70キロメートルあたりには硫酸の微粒子からなる雲があります。金星が鋭い輝きを発しているのは、硫酸の雲が太陽の光を反射する率が非常に高いためです。この雲のために大気は不透明で、地球から望遠鏡で眺めても、表面の様子を知ることはできません。

金星が太陽を1周する公転周期は地球の２２５日にあたります。一方、非常にゆっくり自転しており、自転周期は２４３日です。そのため、金星表面に立ったときの1日は、地球の１１７日にあたります。金星の自転方向は地球をはじめ他の惑星とは逆向きです。したがって、金星では

太陽は西から上り、東に沈むことになります。実際には雲の存在のために、表面から太陽を見ることはできませんが。

◆多くの探査機が明らかにしたこと

金星の大気が不透明であるため、表面を見るには雲を突き抜けるレーダーが必要です。表面で反射してきた電波の強度や戻ってくるまでの時間から、表面の地形、粗さや滑らかさ、高度などを知ることができるのです。１９６０年代に、プエルトリコのアレシボにある直径約３００メートルの電波望遠鏡を用いて金星のレーダー観測が行われました。その結果、電波を強く反射する地域がいくつか見つかり、そのうち2つはアルファ地域、ベータ地域とよばれるようになりました。また、金星の最高点と考えられる場所もみつかり、マックスウェル山とよばれるようになりました。金星がヴィーナスという美の女神であることから、その後の探査で発見された金星の地形にはすべて女神あるいは女性の名前が付けられています。しかし、アルファ地域、ベータ地域、マックスウェル山だけは例外として、そのまま使われています。

　金星を観測した探査機はたくさんあります。そのうち主なものを紹介しましょう。最初の金星探査機は、１９６2年に打ち上げられたアメリカのマリナー2号でした。一方、旧ソ連はヴェネ

ヴェネラ13号が撮影した金星の表面。溶岩が流れて固まっている。雲の影響で、全体が黄色味を帯びた画像になっている。（提供：ロシア科学アカデミー）

ラとよばれる探査機のシリーズを金星に送りました。１９６７年に打ち上げられたヴェネラ4号は金星大気に突入し、大気に関する情報をはじめて地球に送ってきました。１９７０年8月には、ヴェネラ7号が金星表面への着陸に成功し、表面の温度や気圧のデータを送ってきました。１９７５年6月に着陸に成功したヴェネラ9号は、金星表面のモノクロ写真をはじめて撮影しました。金星表面の岩石は平たく、溶岩が固まった玄武岩でした。その後、ヴェネラ10号、11号、12号、13号、14号が着陸に成功しています。特に１９８１年10月に着陸したヴェネラ13号と同年11月に着陸したヴェネラ14号は、表面のカラー写真を撮影しました。金星の空はオレンジ色でした。そのため、表面の風景もすべてオレンジ色に見えていました。また、表面はどんより曇った昼間ほどの明るさしかありませんでした。

アメリカは１９７８年にパイオニア・ヴィーナス1号（パイオニア12号）を金星に送りました。パイオニア・ヴィーナス1号は金星を周回してレーダー観測を行い、金星表面の地形図を作成しました。金星に液体の海はありませんが、2つの大きな「大陸」があることがわかりました。赤道近くに長さ1万キロメートルにわたって横たわる大陸は南アメリカ大陸ほどの面積があり、アフロディテ大陸と名付けられました。北半球の高緯度域にある大陸はオーストラリア大陸くらいの面積で、イシュタル大陸と名付けられました。大陸以外の地域の多くは、高低差が比較的少ない平原になっていました。

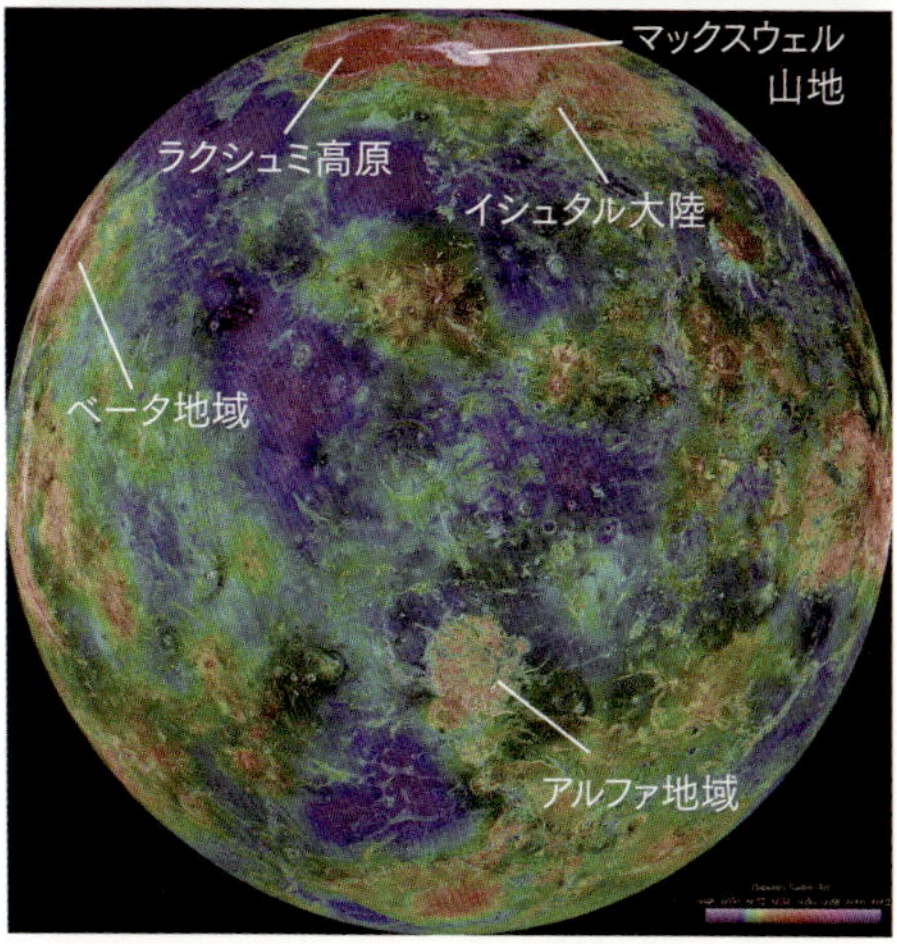

上：金星の西半球。深い青色の部分は標高が低く、赤色から白くなるにしたがって標高が高くなる。赤道域のピンクの領域がアフロディテ大陸である。
下：金星の東半球。北極近くにイシュタル大陸がある。その中の白い部分がマックスウェル山地。その左側がラクシュミ高原である。

金星をレーダーで観測したマゼラン探査機

1989年5月にスペースシャトルから打ち上げられたアメリカの金星探査機マゼランは、1990年8月に金星をまわる軌道に入りました。マゼランに搭載されていた合成開口レーダーは、パイオニア・ヴィーナス1号よりもはるかに解像度の高いデータを得る能力をもっていました。マゼランは金星表面の98%を観測しました。この結果から金星表面の詳細な地形がわかり、金星の地質活動を解明する上で貴重な情報が得られました。金星表面のほとんどはきわめて若い地形であることがわかりました。

2006年にはヨーロッパの金星探査機ヴィーナス・エクスプレスは8年間にわたって金星大気の観測を行いました。エクスプレスが金星を周回する軌道に入りました。

◆火山が造った複雑な地形

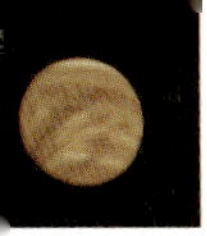

金星の表面はきわめて複雑であり、火山活動によって形成されたとみられるさまざまな地形や溶岩の流れた跡によっておおわれています。さらに褶曲《しゅうきょく》山脈（側方から大きな力が加わってできた山脈）や入り組んだ割れ目なども見られます。金星には直径約2キロメートル以下のクレーターは存在しません。これくらいのサイズのクレーターをつくる小天体は、金星の濃い大気の中で燃え尽きてしまうからです。金星のクレーターは約940個しかありません。このクレーターの数から、金星表面の年齢は約5億年と非常に若いと推定されています。今から5億年ほど前に金星内部から大量の溶岩が湧出する出来事が起こり、全表面を更新してしまったと考えられているのです。

地球の表面は十数枚のプレートに分かれており、これがマントル対流に乗って水平方向

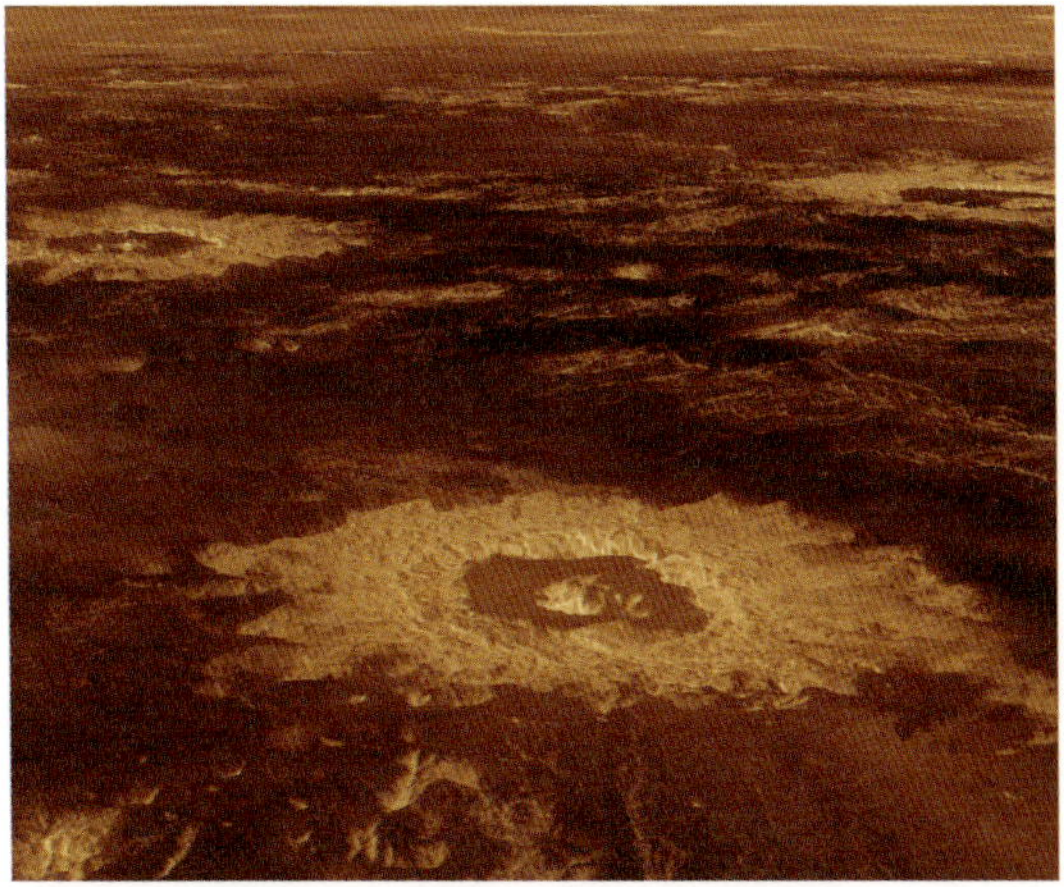

レーダーで観測した金星表面の様子。溶岩が流れてできた平原が広がり、衝突クレーターがいくつもみえている。白くみえるのは衝突の際の噴出物。遠くまで届かず、独特の形状をしている。

に移動しています。プレートの湧き出し口やプレート間の境界で火山や地震活動が起こっています。金星にはこのような全球規模のプレート・テクトニクスは存在せず、同じ場所に内部から溶岩が上昇してくるホットスポット型の火山活動が支配的であると考えられます。火山活動でできた直径20キロメートル以上の地形は金星全体で1000個以上確認されています。金星の火山の溶岩は流動性に富み、さらさらしているので、広い範囲に流れだしています。

地上からの観測で発見されていたマックスウェル山はイシュタル大陸にあります。金星の最高峰で、長さ850キロメートル、幅700キロメートルの巨大な山塊です。その高さは平原から1万1000メートルにも達しています。その西にはラクシュミ高原とよばれる高地がありますが、マックスウェル山はそこからさらに6キロメートルもの高さでそびえたっています。

マックスウェル山やラクシュミ高原は内部から上昇してきた大量の溶岩によってつくられたと考えられていますが、さらに水平方向の力も働いているようです。マックスウェル山自体が北東および南西方向からの圧縮力を受けています。マックスウェル山の頂上近くには二重リング構造をもつ直径70キロメートルのクレオパトラ・クレーターがあります。このクレーターはそのような水平方向の力によって、リングが歪んでいます。

金星の巨大火山の1つ、マアト山は高さ8キロメートルの巨大な楯状《たてじょう》火山です。頂上には直径約30キロメートルのカルデラがあり、溶岩が周囲数百キロメートルにわたって流れています。溶岩は非常に新しく、1000万~2000万年前に流出したとみられています。

金星に特徴的な地形としてコロナとよばれる円形に盛り上がった構造があります。上昇してきた溶岩が表面を押し上げてできた地形と考えられ、同心円状あるいは放射状の断層がみられるなど、非常に複雑な地形をつくりだしています。直径は数百キロメートルに及ぶものもあります。パンケーキとよばれる地形もあります。パンケーキは頂上が平らなドーム状の形をしています。コロナほど大規模な地形ではありませんが、これも内部からの溶岩の上昇によってできたと考えられています。

マアト山。高さ8キロメートルをこえる巨大火山で、大量の溶岩が流れ出しているのがわかる。この画像は高さ方向が10倍に強調されている。実際は起伏が非常にゆるやかな楯状火山である。

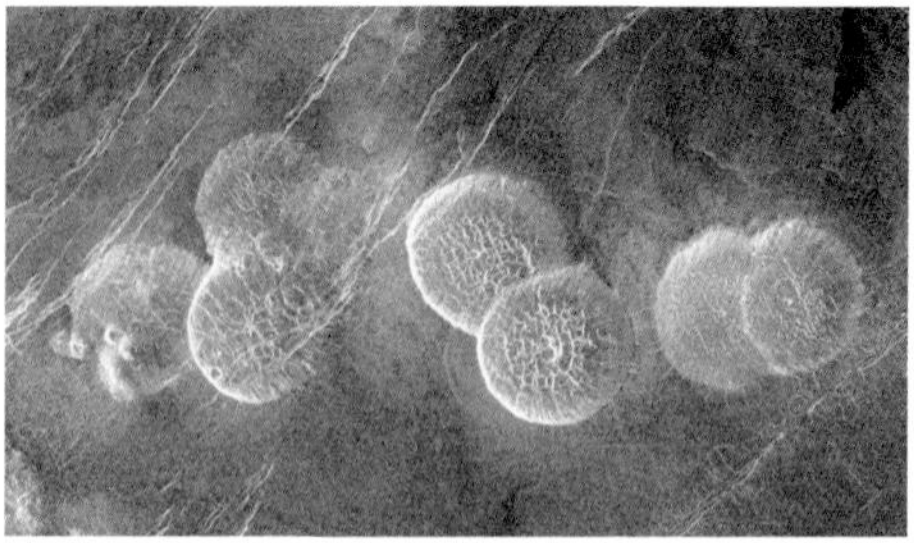

溶岩が盛り上がってできたパンケーキとよばれる地形

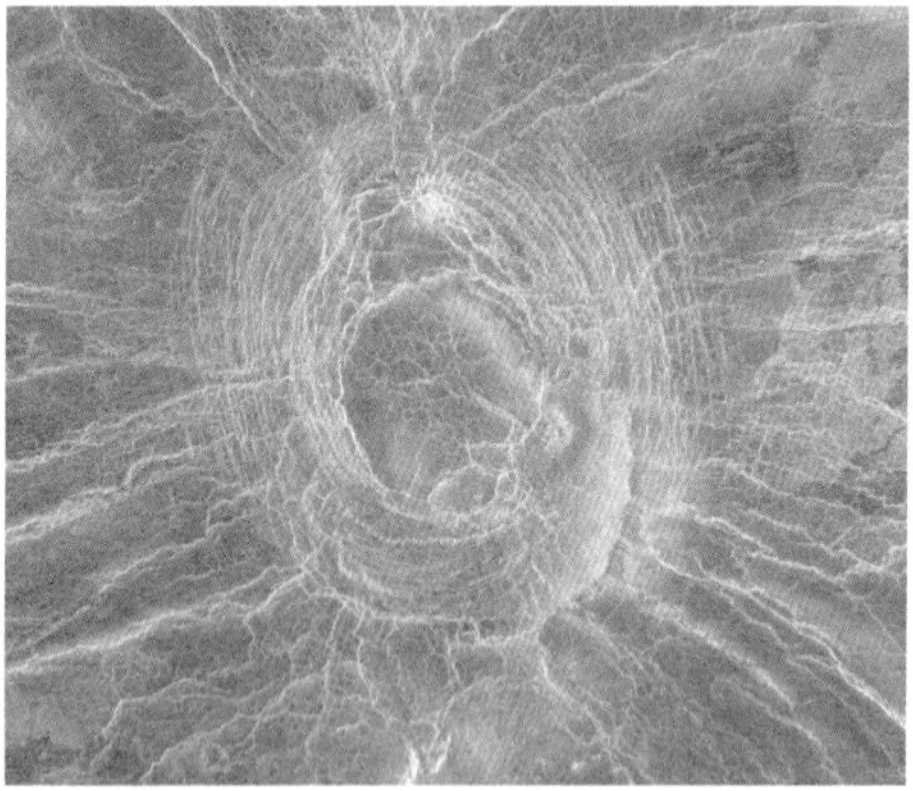

コロナとよばれる地形。溶岩でもり上がった場所に非常に複雑な溝が多数走っている。

約5億年前に大規模な火山活動が起こった後、金星の火山活動は休止してしまったのでしょうか。それとも今もなんらかの活動はあるのでしょうか。ヨーロッパの金星探査機ヴィーナス・エクスプレスは、金星では現在も火山活動が起こっていると考えられる証拠を発見しています。

マゼラン探査機は、今も内部から溶岩が上昇してきて、火山活動が起こっているかもしれないホットスポットを9カ所発見していました。ヴィーナス・エクスプレスはこれらのホットスポットのうち3カ所の熱の放射を調べてみました。その結果、これらの場所の溶岩流の年齢は非常に若く、古くても250万年、もしかしたら250年くらいという結果がでました。地質年代からすると、これはほとんど「今」に近い年齢です。

◆金星を覆う大気のヒミツ

金星の大気の成分は二酸化炭素が約96％を占め、残りのほとんどは窒素です。大気中には微量の水素が含まれているのですが、この水素の「同位体比」から、金星にはかつて大量の水が存在したことがわかっています。すなわち、金星にも海や湖があったのです。水素には重水素という仲間がいます。地球で水素と重水素が存在する比率（同位体比）は水素1万個に対して重水素1個程度です。しかし金星大気では重水素が100倍くらい多く存在しているのです。金星ではある時期に二酸化炭素による温室効果が急速に進み、表面は非常な高温になりました。そのため水は蒸発し、宇宙空間

金星で起きている火山噴火の想像図

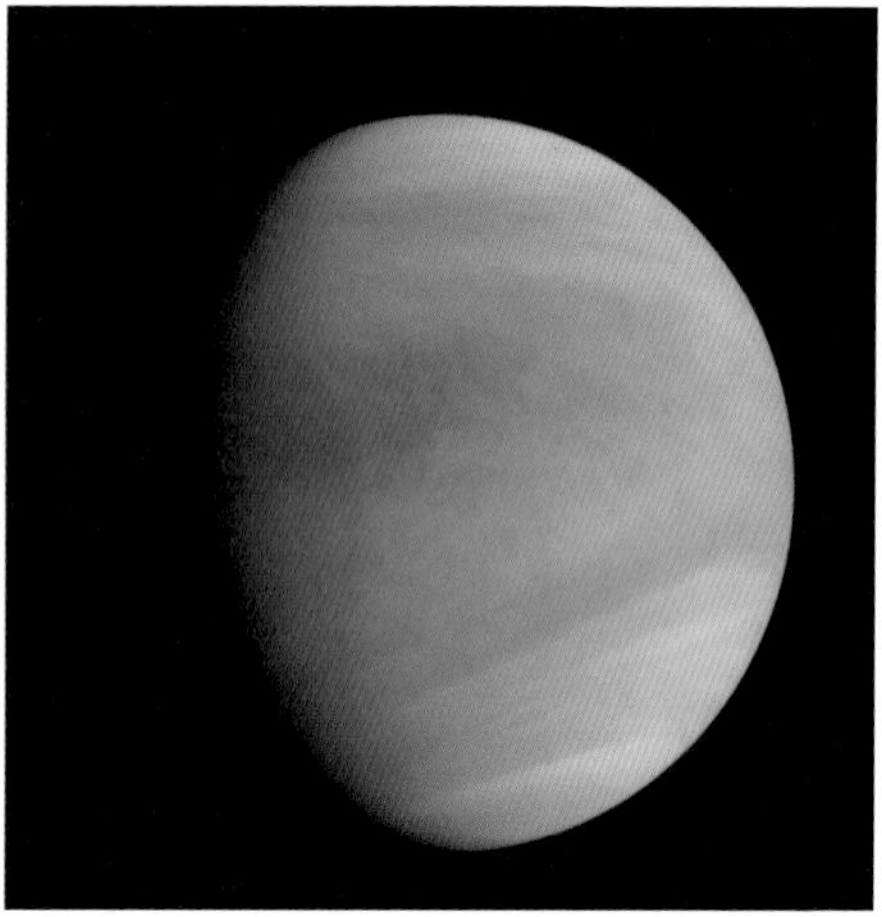

日本の金星探査機「あかつき」が2015年12月に撮影した金星。紫外線の領域で撮影されており、雲の模様が見えている。「あかつき」は金星大気のスーパーローテーションの解明を大きな目的にしている。（提供：JAXA）

に逃げていってしまったと考えられています。重水素は水素より重いため、水素より逃げにくく、その結果、金星大気には重水素が多く残されたというわけです。

金星大気の最下層では、緯度方向および経度方向のゆっくりとした対流があるため、表面の温度は赤道域でも極域でも、昼の部分でも夜の部分でもほとんど変わりません。

高度50～70キロメートルの雲のあたりでは、東から西に風が吹いています。紫外線で見ると、雲の模様が見えてきます。緯度が低いほど風のスピードが速いため、Ｙの字を横にしたような模様になっています（本章扉写真）。雲をつくっている硫酸の微粒子は、雲の下側で液《えき》滴《てき》となり、落下していきます。しかし、この硫酸の雨は表面に届く前に蒸発してしまいます。

雲の層のさらに上空では、秒速１００メートルもの猛スピードの風が吹いています。この風は金星の自転速度の60倍に達し、4日間で金星を1周します。この風はスーパーローテーションとよばれています。なぜ、このような猛スピードの風が吹くのかは、まだ分かっていません。

◆地球と似ている内部構造

金星の地殻は厚さは約50キロメートル、マントル層は約3000キロメートルで、中心部には直径約3000キロメートルの金属のコアがあると考えられています。コアは中心部が固体で、その上層は液体の状態とみられます。流体のコアがある場合、ダイナモ作用によって磁場が発生するのですが、金星には磁場はありません。水星や地球では磁場が存在するのに、金星にはなぜ磁場がないのか、その理由はわかっていません。

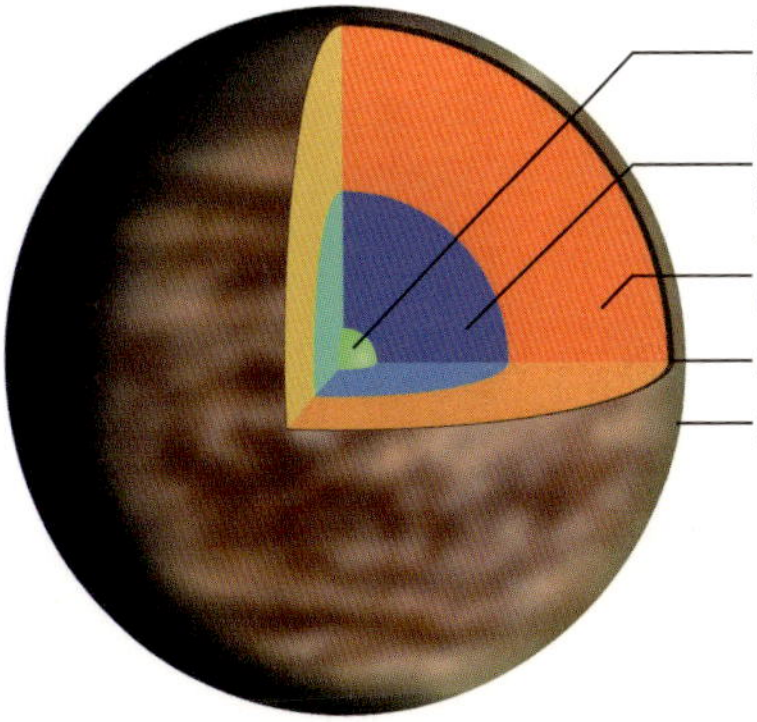

金星の内部構造(イラスト：矢田 明)

金星

美の源泉となった輝き

金星の名前の由来となったヴィーナスは、ローマ神話の美と愛の女神です。ヴィーナスは多くの絵画や彫刻の題材となり、今では神話の女神であることを超えて、女性美の代名詞にまでなっています。

太陽と月を除けば、金星は全天で最も明るく輝く天体です。その美しい輝きから、金星は古代メソポタミアで女神イシュタル（イナンナ）とされていました。イシュタルは愛と豊穣の女神であり、一方では戦争と破壊の女神でもありました。古代メソポタミアでイシュタルがいかに重要な存在であったかは、各地に残されている境界石（クドゥル）からもわかります。境界石は円柱の石碑で、当時のメソポタミア世界全体をあらわす神々の図像が刻まれています。その頂部には、常に3つの天体が描かれています。太陽、月、そしてイシュタルをあらわす金星です。

古代メソポタミアの人々は天体の動きを観測し、その結果をたくさんの粘土板に楔形《くさびがた》文字で残しています。その中のヴィーナス・タブレット（金星粘土板）とよばれるものは、バビロン第一王朝の10代目の王アンミ・ツァドゥカ治世の21年間の金星を観測した記録です。金星が東の空

ローマ考古学博物館所蔵の『ルドヴィシの玉座』(紀元前460年頃)。海から生まれてきたアフロディテに2人の女神がヴェールをかけようとしている。

にいつ出現するか、西の空でいつみえなくなるかが記録されています。このヴィーナス・タブレットはバビロン第一王朝の年代を決めるのに大きな役割を果たしています。金星の動きをコンピューターで計算した結果とヴィーナス・タブレットを比較した結果、アンミ・ツァドゥカ王の治世がはじまった年は紀元前1710年、紀元前1646年、または紀元前1581年とされています。

女神イシュタルは古代ギリシアでアフロディテとなり、ローマ神話でヴィーナスとなりました。ギリシア神話では、アフロディテは海の泡から生まれてきます。ローマ考古学博物館に所蔵されている『ルドヴィシの玉座』は、紀元前460年頃にギリシアで制作されたもので、海から生まれてきたアフロディテのみずみずしい姿が大理石に刻まれています。

軍神マルスとヴィーナスの間にできた息子がクピド（キューピッド）です。クピドに矢を射られた者は恋をしてしまうとされています。

金星をあらわす記号は、女性を示すシンボルとして広く使われています。この記号はアフロディテのネックレスにもう1つのネックレスがひもでつながっている形からきていると考えられていますが、女性のもつ手鏡であるという説もあります。

地球 *Earth*

大気や水の存在、活発な惑星内部の動き。
生命誕生の条件がそろった、
太陽系最大の岩石惑星。

◆人類のふるさと・地球

地球は大気に守られ、表面の平均気温は約15℃です。表面の70％を海すなわち液体の水がおおっています。表面に液体の水が存在する太陽系の天体は地球のほかにはありません。地球と太陽の距離は約1億5000万キロメートル。太陽からほどよく離れ、暑すぎも寒すぎもしない温和な環境がつくられる条件が存在しているのです。

恒星を取りまく惑星系空間のうち、表面に液体の水が存在でき、生命が生まれる条件をもつ領域を「ハビタブルゾーン（habitable zone）」とよんでいます。ハビタブルゾーンは恒星を取り巻くドーナツ状のゾーンです。太陽系の場合、金星、地球、火星がハビタブルゾーンに含まれます。これら3惑

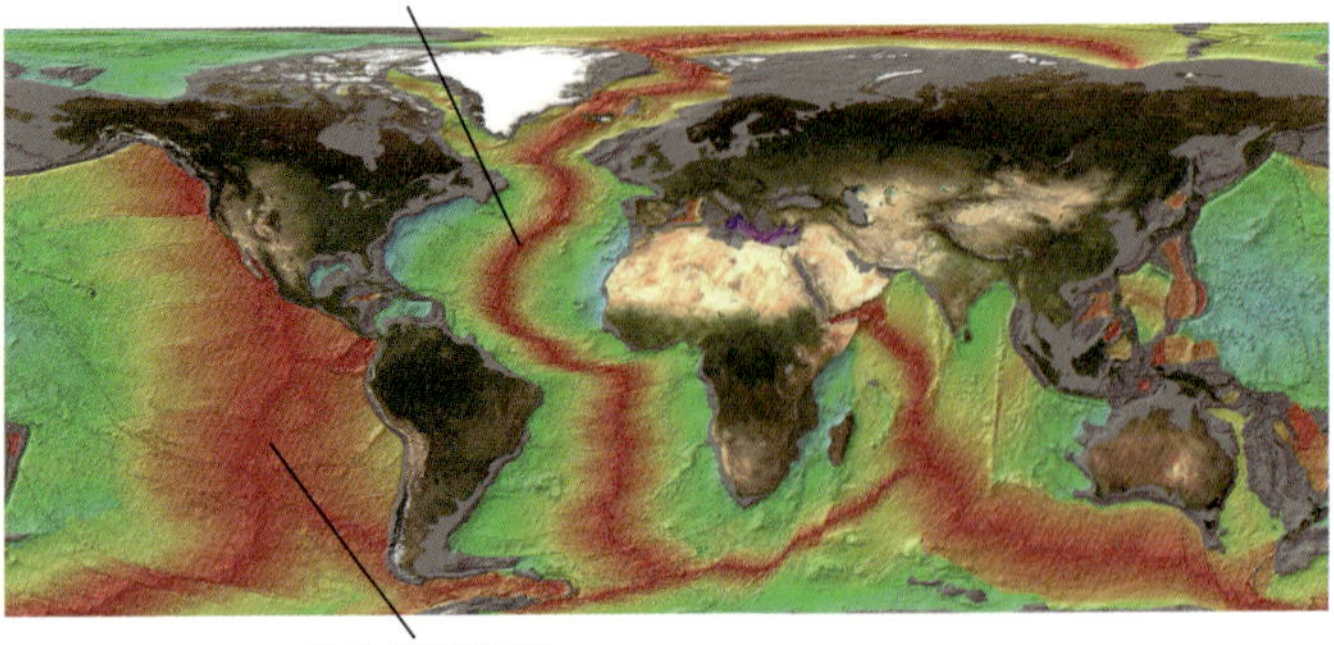

海底の年代。赤い部分が一番若く、海嶺とよばれている。ここでプレートが生まれ、広がっていく。地球の表面は十数枚のプレートにわかれており、1年間に数センチメートルの速さで動いている。プレートの境界では地震や火山活動などが起こる。（提供：NOAA）

星はどれも古い時代に海が存在したと考えられています。しかし、金星では二酸化炭素の温室効果により海は蒸発し、灼熱の惑星となりました。一方、火星はサイズが小さいため質量も小さく、重力で大気をとどめておくことができませんでした。大量の水のある部分は宇宙空間に逃げ、残りは地下で凍り、冷たく乾燥した惑星になってしまったのです。

一方、地球では約40億年前に海で生命が誕生しました。生命をはぐくむ環境が失われることはなく、生命の進化は途切れることなく続いて今日の豊かな生命圏がつくりだされました。

◆生命の星が生まれるまで

誕生して間もない頃の地球は、かなり深いところまで岩石が融けた状態でした。マグマオーシャン（溶岩の海）が広がっていたのです。地球が冷えてくると、表面が固まってきます。マグマオーシャンの時代、地球を取り巻く大気中には大量の水蒸気が含まれていました。地球が冷えてくると、水蒸気は大量の雨となっ

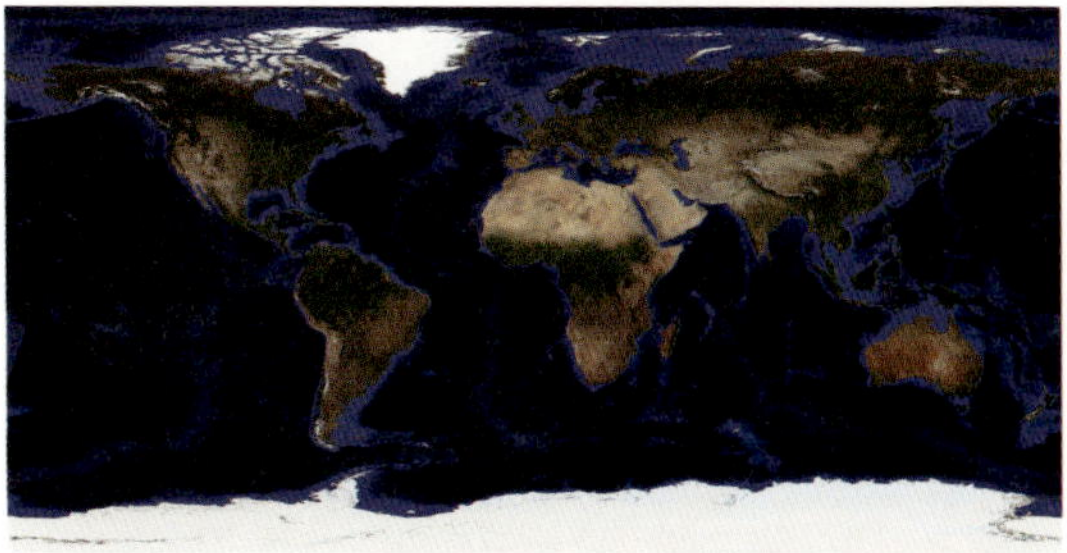

北半球の夏にあたる8月の地球の表面を示す雲なし画像。世界の森林の分布や乾燥地帯の広がりがわかる。

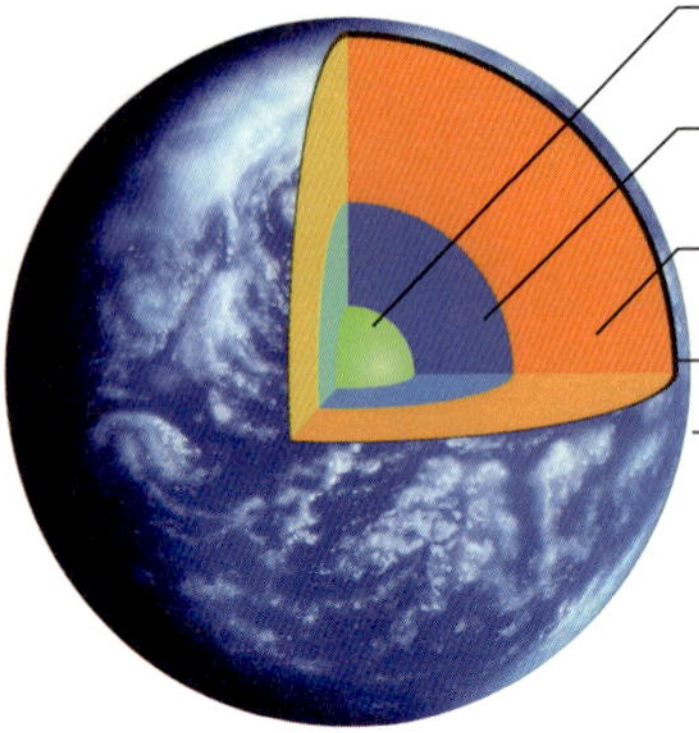

地球の内部構造（イラスト：矢田 明）

て降り注ぎました。これが海となったのです。海ができると地球の表面は急速に冷やされていきました。やがて、内部も冷えて固まっていきました。

地球は岩石惑星の中で一番大きく、直径は約1万2700キロメートルあります。中心には金属のコアがあります。コアの中心（内核）は固体ですが、その外側（外核）は溶けた状態になっています。金属の流体が外核内を対流することによって、地球には磁場が発生しています。地球は巨大な磁石であり、地球を取り巻く磁気圏が形成されています。この磁気圏は、太陽からやってくる高エネルギーの粒子が地表に到達するのを防いでいます。

コアの外側は岩石の層で、マントルと地殻からなります。マントルは下部マントルと上部マントルに分かれています。地殻は地球の固体表面をなす層で

す。

地球の表面は十数枚のプレートに分かれています。プレートとは地殻とマントルの最上部からなる巨大な岩石の板のことです。マントル層は固体ですが、ゆっくりと対流しています。プレートは上部マントルの対流に乗って、1年に数センチメートルのスピードで水平方向に移動しています。そのため、各プレートの境界では地震や火山活動、造山運動などが起こることになります。

◆地球は生きている——プレートテクトニクス

プレートが生まれてくる場所はマントル対流の上昇部分で、海嶺とよばれています。ここではマントルから上昇してきたプレートが左右に分かれて広がっていきます。プレートの湧き出し口では海底から熱水や溶岩が噴出しており、熱水鉱床《ねっすいこうしょう》とよばれています。大西洋の海底には大西洋中央海嶺がほぼ南北に走っており、大西洋を東西に広げています。アイスランドは大西洋中央海嶺上にあるため、火山活動が活発です。

プレートが沈んでいく場所が海溝です。太平洋の東にある東太平洋海嶺でうまれた太平洋プレートは年間約10センチメートルのスピードで北西に動いていき、日本海溝で沈んでいきます。日本海溝の西には日本列島が乗っているユーラシア・プレートがあります。太平洋プレートがユーラシア・プレートの下に沈んでいくとき、ユーラシア・プレートの端を引きずり込んでいきます。このときに蓄積したひずみのエネルギーが解放されると地震が起こります。2011年に発生した東北地方太平洋沖地震もこのような仕組みによって発生しました。

沈み込んだプレートに含まれている水は、岩石が融ける温度を下げる働きをします。このため、日本列島の下にもぐり込んだプレートによって地下にマグマがつくられます。これが上昇してきて火山活動を起こします。日本に火山や地震が多いのは、プレートが沈み込んでいく場所に位置しているからです。

プレート同士が水平に反対方向に移動する場所もあり、トランスフォーム断層とよばれます。ア

海嶺の熱水鉱床。ブラックスモーカーとよばれる黒色の熱水が噴き上げ、周囲にはチューブワームとよばれる奇妙な生物が生息している。（提供：NOAA）

メリカ西海岸のサンアンドレアス断層はトランスフォーム断層で、地震が多発しています。

ホットスポットといって、いつも同じ場所からマグマが上昇してくる場所もあります。ハワイ諸島はそのような場所です。ハワイ諸島は南東から北西方向に1列に並んだ火山島群で、北西の島ほど古い年代の島になっています。これは太平洋プレートが北西方向に動いていくにしたがって、その下のホットスポットから間欠的に上昇してきたマグマによって火山島ができたからです。現在は一番南東にあるハワイ島のキラウエア火山が活動しています。

プレートの運動によって、大陸は移動しています。3億年前には、世界中の大陸は1カ所に集まってパンゲアという超大陸をつくっていました。1億5000万年前にパンゲアの分裂がはじまり、その後の大陸移動

2010年、アイスランドのエイヤフィヤトラヨートルで起こった噴火。火山活動は、この星が'生きている'証左である。(提供:アフロ)

国際宇宙ステーションから撮影したヒマラヤ山脈。中央に世界の最高峰エベレストがみえる。ヒマラヤは海底が押し上げられてできた山脈である。

で今の配置がつくられました。

世界の屋根といわれるヒマラヤ山脈もプレートの移動によってできたものです。インド亜大陸はもともとパンゲアの一部として南半球にありました。パンゲアの分裂がはじまると、インド亜大陸はインド・オーストラリア・プレートに乗って北上し、今から5000万年ほど前にユーラシア大陸に衝突しました。インド・オーストラリア・プレートはユーラシア・プレートの下にもぐり込んでいくのですが、このときインド亜大陸とユーラシア大陸の間にあった海底が圧縮力によって押し上げられ、高い山脈となったのです。エベレストの山頂で海の生物の化石がみつかるのは、このためです。ヒマラヤの成長は今も続いています。

このように、地球は非常に活発な活動が起きている惑星ということができます。

◆生命を守る大気の存在

地球の大気は窒素が78％、酸素が21％を占めています。しかし、原始地球の大気の主成分は二酸化炭素と窒素で、酸素はほとんど含まれていませんでした。地球の大気の組成が変わったのには、生命の存在が関係しています。

生命が誕生したのは約40億年前です。その場所は海底の熱水鉱床のようなところだったのではないかと考えられています。27億年前くらいになると、光合成を行うシアノバクテリア（らん藻）があらわれました。大気中の二酸化炭素はそれまでにかなり海に溶け込んで少なくなっていましたが、シアノバクテリアは太陽エネルギーを利用して大気中に残っていた二酸化炭素と水からどんどん酸素と有機物をつくりだしていきます。こうして大気中の二酸化炭素はほとんどなくなり、酸素がたまっていきました。現在の大気組成に近い状態になるには、10億年以上がかかっています。

産業革命前（１７５０年頃）の大気中の二酸化炭素濃度は２８０ｐｐｍ（０・０２８％）でした。しかし、その後の人間の活動、主に化石燃料の利用によって大気中の二酸化炭素濃度は上昇し、現在は約４００ｐｐｍとなっています。こうした二酸化炭素濃度の上昇が今、地球温暖化をもたらしつつあります。

大気圏は高度約100キロメートルまでひろがっています。その外側は宇宙空間です。地表から高度約10キロメートルまでは対流圏とよばれます。雲の発生や雨、風の循環、台風などの気象現象は対流圏で起こっています。その上、高度50キロメートルほどまでが成層圏で、そのさらに上に中間圏と熱圏があります。成層圏にはオゾン層が存在します。オゾンとは酸素原子3個からなる気体です。オゾン層は有害な紫外線が地上にやってくるのを防いでくれます。海で誕生した生物が約4億年前に陸上に進出できたのも、大気中の酸素が増えてオゾン層というバリアーが形成され、生物を守ってくれるようになったからなのです。

北極や南極に近い高緯度地域では、美しいオーロラを見ることができます。太陽からの電気を帯びた粒子が磁力線に沿って大気中に入ってきて、上空で酸素原子や窒素原子と衝突します。このときに発生する赤色や緑色の光がオーロラなのです。

◆生命の源・水の存在

地球に存在する水の量はおよそ14億立方キロメートルという膨大なものです。そのうちの97％が海水として存在しています。地球全体を海水がおおったとすると、その平均の深さは約4キロメートルにもなります。海底で最も深い場所はマリアナ海溝の中のチャレンジャー海淵とよばれる場所で、深さは1万920メートルです。

海水は蒸発して雲になり、雨となって陸上や海上に降り注ぎます。陸上に降った雨も最終的には海にもどります。このようにして、水は地球全体で循環しています。この水の循環が地球環境

国際宇宙ステーションから撮影した夜の地球。南イタリアの都市の明かりがよく見えている。

国際宇宙ステーションから撮影したオーロラ。地上から見上げるオーロラとはことなる美しさを見せている。右手前は日本の国際宇宙ステーション補給機「こうのとり」。

や気象現象に大きな影響を与えています。

海水温の変動も気象現象に大きな影響をもたらします。エルニーニョは東太平洋の赤道域の海水温が平年より高くなる現象です。逆にこの海域の海水温が低くなるのがラニーニャ現象です。エルニーニョ現象やラニーニャ現象が起こると、世界各地で異常気象が起こります。

◆いまや生活に欠かせない、宇宙からの観測

アメリカが地球観測衛星ランドサット1号を打ち上げたのは1972年のことでした。以来、多数の地球観測衛星が打ち上げられ、宇宙空間からの地球観測は世界各国の宇宙開発の大きな目標となっています。地球観測衛星は地球をまわりながら可視光や赤外線、さらにはレーダーなどで地表面を観測し、森林の分布や開発による環境の変化、農作物の生育状況、鉱物資源や水資源、地震の原因となる断層や自然災害の状況などを調べます。地球観測衛星は地球環境の保全や自然災害への対策などに欠かせない存在です。

宇宙空間に浮かぶ地球と月。木星に向かうガリレオ探査機が撮影した。月は地球の手前にある。

高度3万6000キロメートルの静止軌道には気象衛星が打ち上げられています。雲の動きを24時間監視する気象衛星のデータは天気予報に役だっています。

人工衛星だけでなく、宇宙飛行士が宇宙空間から撮影した写真も、地球を理解する上で重要な役割を果たしています。アポロ宇宙船から撮影された、暗黒の宇宙空間に浮かぶ青く美しい地球の姿は、私たちの地球がいかにかけがえのないものであるかをあらためて教えてくれました。高度400キロメートルの軌道をまわる国際宇宙ステーションから撮影された写真は、さまざまな表情を見せる美しい地球の姿をとらえています。

火星や木星に向かう探査機も、宇宙空間に浮かぶ地球と月の印象的な姿を送ってきました。

月の地平線と地球。地球の写真はアポロ17号が撮影したもの。手前の月の画像はLRO探査機が最近撮影した。2枚の画像を組み合わせて、月の地平線から地球がのぼっていく有名なシーンを再現している。

地球

初めて「地球」が現れた地図

ギリシア神話で大地の女神はガイアあるいはゲーとよばれます。ローマ神話ではテラです。しかし、他の惑星とはことなり、地球の名はギリシアやローマの神話からはとられませんでした。Earthは古いヨーロッパの言語で大地をあらわすerに起源にもち、古英語のeorpeあるいはeoreからきているといわれています。

では、漢字の「地球」はどのようにしてできたのでしょうか？地球が球体であるという知識を日本に初めてもたらしたのは、1549年に日本にやってきたイエスズ会の宣教師フランシスコ・ザビエルであったと考えられます。1563年に日本にやってきたルイス・フロイスは、1580年に織田信長に地球儀を見せ、地球が丸いことを説明したとされています。また1591年に豊臣秀吉に謁見《えっけん》したヴァリヤーノも世界地図や地球儀を見せたといいます。しかし、この頃の日本には「地球」という言葉はありませんでした。

最初に「地球」という言葉があらわれるのは、1602年に北京で出版されたマテオ・リッチの「坤輿万国全図《こんよばんこくぜんず》」のようです。リッチは西洋の知識を中国に伝える上で大きな役割を果た

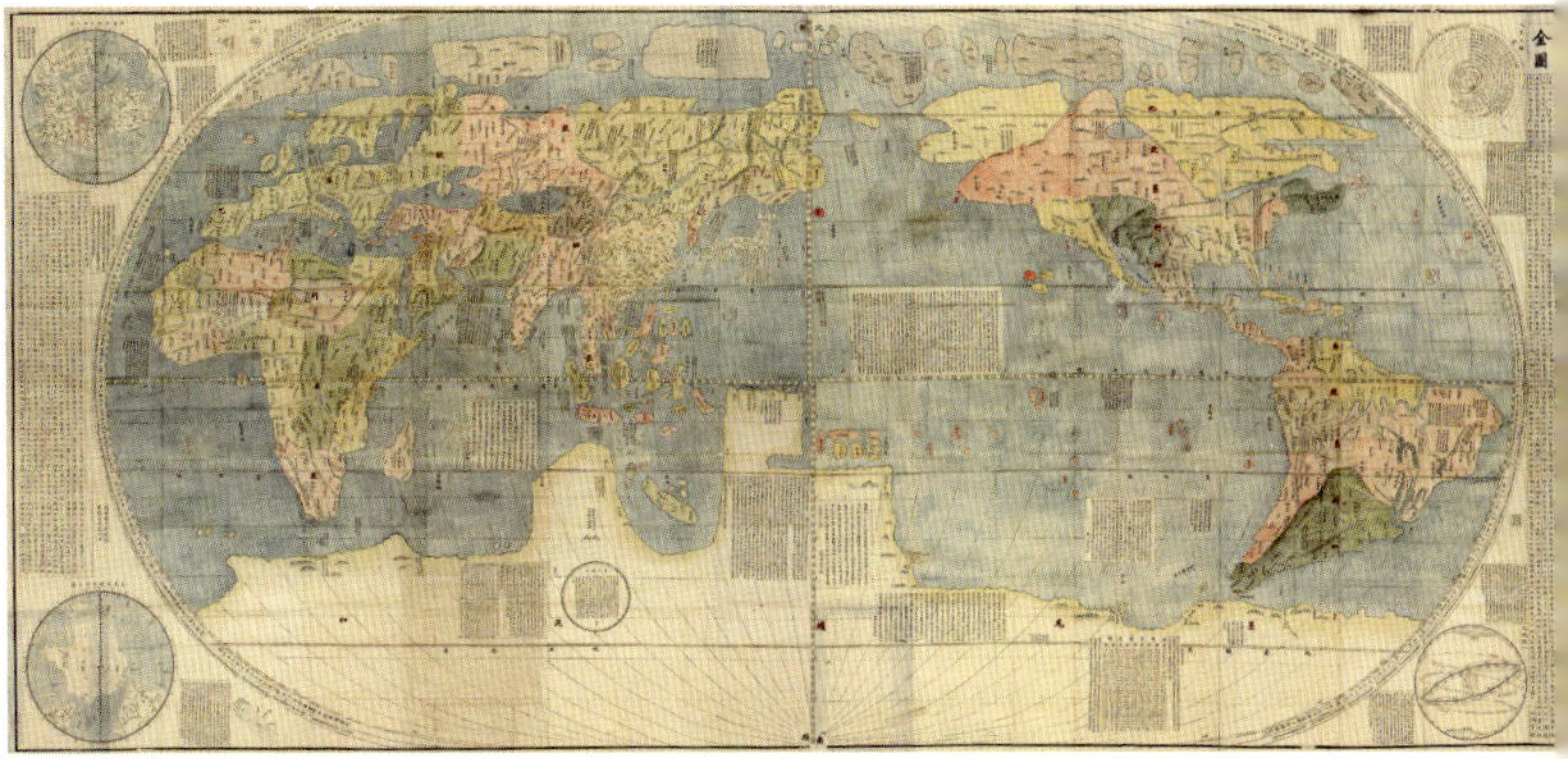

「坤輿万国全図」。四隅には円形の「九重天図」や「天地儀」もみえる。（東北大学附属図書館蔵）

した人です。「坤輿万国全図」は当時の西洋の世界地図をベースにしていますが、リッチは地名や地理学用語をすべて漢字に置き換えました。この世界地図の概説に「地球」という文字が見られます。

私たちが現在使っている「大西洋」、「地中海」、「亜細亜《あじあ》」、「熱帯」、「赤道」、「黄道《こうどう》」、「南極」、「北極」なども、この「坤輿万国全図」に見られます。またプトレマイオスの天動説を説明する「九重天図」、二十四節気や西洋の黄道十二宮を示す「天地儀《てんちぎ》」ものっています。

「坤輿万国全図」はほどなくして日本に伝えられ、江戸時代の文献に「地球」という文字が見られるようになりました。

地球をあらわす惑星の記号は円に十字です。

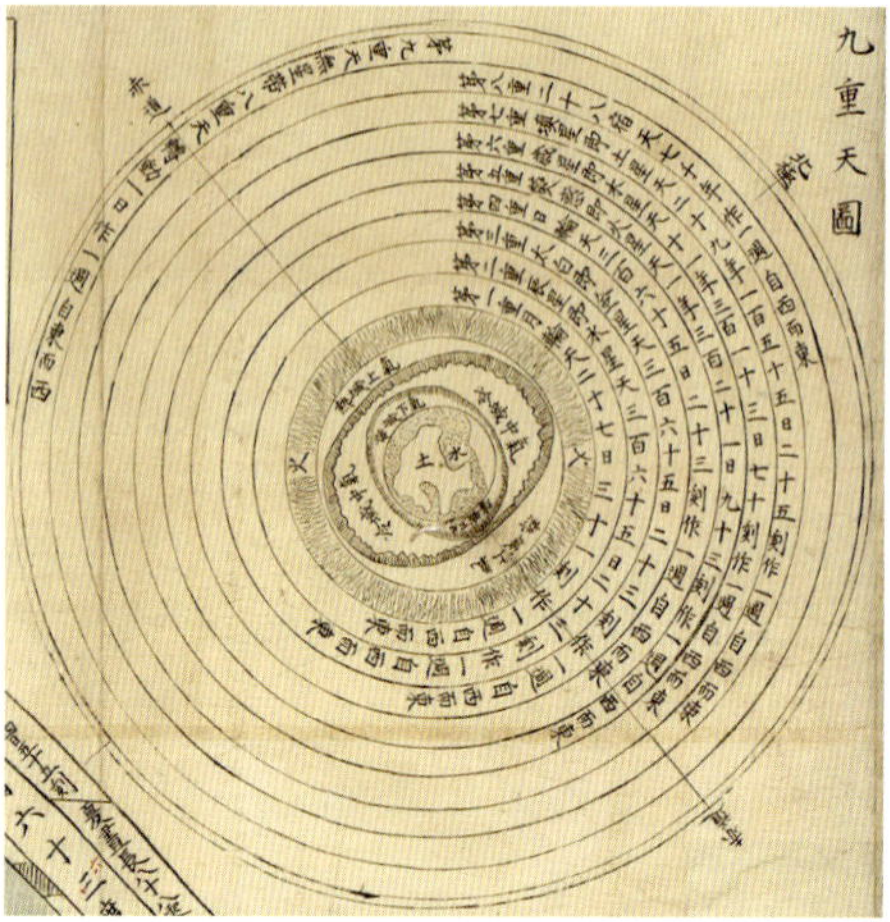

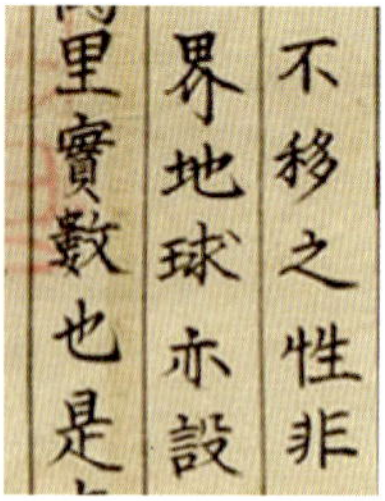

右：「坤輿万国全図」に記載された「地球」の文字／左：「坤輿万国全図」の右上隅には、天動説を示す「九重天図」が描かれている。

この十字は赤道と子午線、あるいはコンパスが示す４つの方位（東西南北）といわれています。

月 *Moon*

文学や詩歌にも謳われた
月世界は、
昔から人類の憧れ。
人類が降り立った
唯一の天体でもある。

月の直径は約3480キロメートルで、地球のほぼ4分の1です。地球と月の平均距離は38万4400キロメートルです。

月が地球をまわる公転周期と月の自転周期は同じであるため、月はいつも同じ面を地球に見せています。地球から見る月の表面は明るい場所と暗い場所に分かれています。明るいところは「高地」とよばれており、クレーターがたくさんある古い地形です。一方、暗い部分は「海」とよばれており、高地よりも年代が新しい地形です。月の海の暗い模様は、古来、人々の想像をかきたててきました。日本では兎が餅をついているといいますが、ヨーロッパでは老婆の姿に見えたり、若い女性の顔に見えたり、カニに見えたりしています。

地球から見えている面を「表側」、地球から見えない面を「裏側」といいます。不思議なことに、月の裏側には海はほとんど存在しません。また、地殻の厚さも異なり、表側より裏側の方が厚くなっています。このように、月の表側と裏側は異なる特徴をもっており、これを「月の二分性」とよんでいます。月の二分性がなぜできたかは大きな謎ですが、月の起源や進化と密接に結びついており、月の科学にとって興味深い研究対象となっています。

◆米ソが競った探査

　1959年、旧ソ連はルナとよばれる3機の探査機を月に向けて打ち上げました。ルナ1号は月を逸れてしまいましたが、ルナ2号ははじめて月に到達し、3号は月の裏側の写真を撮影することに成功しました。これが月探査のはじまりです。

　1960年代に入ると、アメリカとソ連は月探査を活発に行うようになりました。このころ、アメリカとソ連は、月に人間を送りこむ競争をしており、月がどんなところか知る必要があったのです。アメリカはレンジャー・シリーズとサーベイヤー・シリーズの探査機で月面の様子を調べ、月を周回するルナ・オービターで全球の地形を観測しました。一方、失敗を繰り返していたルナ・シリーズはルナ9号が月面への着陸に成功し、月面からの写真をはじめて送ってきました。

月面に立つアポロ11号のエドウィン・オルドリン宇宙飛行士。月面に最初におりたニール・アームストロング船長が撮影した。

　アメリカは1969年7月に、アポロ11号によって人類初の月着陸を成功させました。その後、アポロ12号、14号、15号、16号、17号も月着陸に成功し、月面に科学観測機器を設置するとともに合計382キログラムの月の石を地球にもち帰りました。アポロ計画によってもたらされた成果は月や惑星の科学を飛躍的に進展させました。

　一方、ソ連は無人での月のサンプル回収を目指し、ルナ16号、20号、24号が月の砂を地球にもち帰りました。またルナ17号と21号にはルノホートとよばれる月面移動車が積まれており、月面での無人探査が行われました。

1980年代には月の科学的探査はほとんど行われませんでしたが、1994年にはアメリカのクレメンタイン探査機が月を周回して観測を行いました。

2007年に日本が打ち上げた月周回衛星「かぐや」は14種類の観測機器を搭載していました。「かぐや」は1年半にわたって月の総合的な観測を行い、大きな成果を上げました。現在、アメリカのLRO探査機が月を周回して観測を行っています。

◆アポロが降り立った月面

月には大気がありません。そのため空は真っ暗で、太陽風や宇宙放射線が降り注いでいます。月面での重力は、地球の約6分の1です。

アポロ宇宙飛行士が降り立った月の表面は、非常に細かい粒子でおおわれていました。そのため、宇宙飛行士が歩くと足跡が残りました。この細かい粒はレゴリスとよばれています。月面で起こった10億年以上にわたるはげしい衝突によって、岩石が何度も破砕され、きわめて細かい粒になったのです。月面をおおうこのレゴリス層の厚さは、場所によっては10メートル近くにもなると考えられています。

月の１日は地球の約27日にあたりますから、月面では昼が２週間続き、その後、２週間の夜がやってくることになります。昼には表面温度は最高１２０℃にもなります。一方、夜にはマイナス２００℃にまで低下します。

月は同じ面をいつも地球に向けているので、月面から見る地球は空の一点にとどまり、動くことはありません。アポロ宇宙船や「かぐや」が撮影した月の地平線から地球が上ってくる映像が有名ですが、これは月を周回している宇宙船や衛星だからこそ撮影できたものです。

月の南極と北極のクレーターには、その底に太陽の光がささない「永久影」になる場所があります。ここには水の氷が存在する可能性があり、将来月面基地をつくる場所の候補地となっています。

◆どのように誕生したか

月はどのようにしてできたのでしょうか。昔からいくつかの説が提唱されてきました。月は地球が誕生したときに、そのまわりで一緒にできたとする「双子説」、回転している地球の一部がちぎれて飛び出し、月になったという「親子説」、もともと他の軌道をまわっていた月が地球の重力

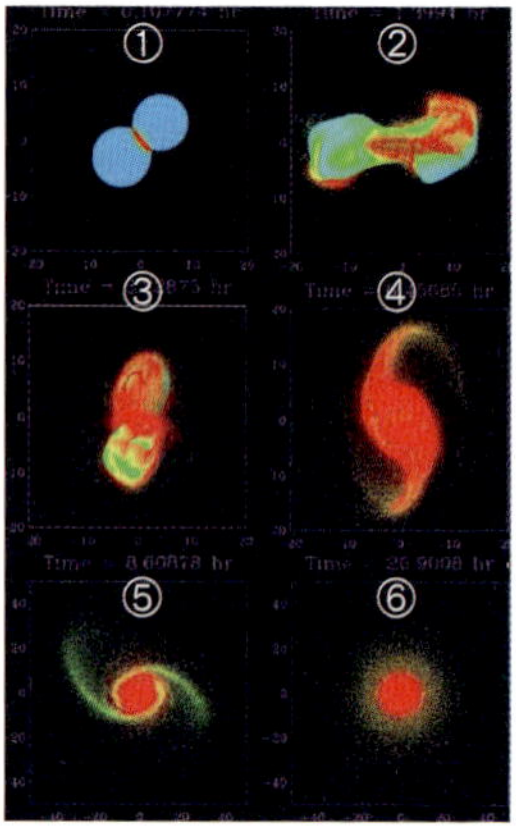

ジャイアント・インパクトのシミュレーションの例。これはアメリカの研究者ロビン・カナップによるもので、原始地球にほぼ同じサイズの天体が衝突している。

によってとらえられ、地球のまわりをまわるようになったという「捕獲説」などです。しかし、これらの説には多くの難点がありました。

現在有力なのは、1970年代に登場した「ジャイアント・インパクト説」です。この説によると、今から約46億年前、地球が誕生して間もないころに、火星と同じくらいのサイズの天体が原始地球に衝突しました。質量でいうと、地球の10分の1くらいの天体です。衝突した天体（インパクターといいます）は溶けて飛び散り、地球のまわりをまわるようになりました。原始地球のマントルの一部も飛び散って地球のまわりをまわるようになりました。

地球の周囲を円盤状になってまわっていた溶けた物質は、冷えて岩石の粒となり、合体をくりかえして成長し、やがて月が誕生しました。当時の月は地球のすぐ近くをまわっていたと考えられています。ジャイアント・インパクト説では、月の岩石に水や揮発しやすい元素が含まれていないこと、月の中心部の金属コアが小さいことなど、これまでの説では説明がつかなかったことが説明できます。

一方、ジャイアント・インパクト説では説明できない点も指摘されてきました。地球と月の成分を調べてみると、いろいろな元素の同位体比がほとんど同じなのです。例えば、酸素16、酸素17、酸素18の同位体比は地球と月ではほとんど同じですが、火星や隕石とは異なっています。それ以外にクロム、ケイ素、チタン、タングステンなどの同位体比もほとんど同じであることが分かっています。

太陽系の原始天体ができたとき、その天体がどこでできたかによって同位体比は異なってきます。地球に衝突したインパクターも、よそからやってきたので、その同位体比は地球と異なっていたはずです。月誕生のシミュレーションによれば、月の材料の約80％はインパクターのマントル物質由来とされていますから、現在の地球と月の同位体比が同じという点と矛盾します。

この矛盾を解決するために、多くの研究がなされています。ある研究によると、インパクターのサイズを大きくすると、インパクターと原始地球は衝突後一体化してしまい、この矛盾を解決できます。また、インパクターと原始地球の材料はもともと同じだったという研究もあります。さらに、月と地球の同位体比は完全には一致していないという研究もあります。

月がジャイアント・インパクトによってつくられたことは間違いないと思われますが、そのプロセスの詳細な解明は今後の課題です。

◆月の歴史

月の中心には金属のコアがあると考えられていますが、そのサイズは小さいようです。その上にマントル層があり、さらにその上に地殻、すなわち月の高地があります。高地をつくっているのは斜長岩《しゃちょうがん》で、斜長石という明るい岩石が主成分です。そのため、高地は明るく見えるのです。一方、海は暗い色をした玄武岩、すなわち溶岩でできています。

このような内部構造がどのようにしてできたのかを説明するのが、マグマ・オーシャン（マグマの海）説です。ジャイアント・インパクトによって作られたばかりの月は全部が融けた状態で、マグマのかたまりでした。やがて重い金属分が中心に集まってコアとなります。さらに冷えてくると、マグマの海でかんらん石や輝石といった鉱物が結晶化します。これらはマグマよりも密度が高いので、マグマの底に沈んでマントルをつくっていきます。マグマの海がさらに冷えていくと、斜長石が結晶化してきます。斜長石はマグマより密度が低いのでマグマの海に浮き、これが地殻を形成したと考えられています。

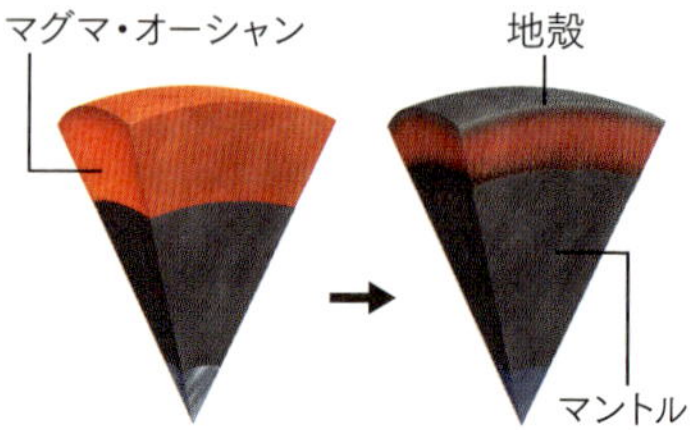

マグマ・オーシャンから月の地殻やマントルがつくられる仕組み。マグマの海が冷えてくるにつれて、かんらん岩のような重い鉱物ができて下に沈み、マントル層がつくられていった。一方、斜長岩は軽いため、マグマの海に浮かび、地殻がつくられていった。（イラスト：矢田 明）

「かぐや」の観測結果によると、月の地殻の内部には、全球にわたって斜長石がほぼ１００％という斜長岩が存在しています。マグマの海に浮かんだ斜長岩は表面の対流によってまず月の裏側に運ばれ、そこから地殻が成長して全球に広がったのかもしれません。この説は、月の裏側の地殻が厚いことを説明することができます。

誕生して間もないころの月面には、たくさんの天体が衝突していました。その中にはサイズの大きなものがあり、これらが衝突すると月面に巨大な衝突跡ができます。その衝突跡を内部から噴き出してきた溶岩が埋めてできたのが、月の海です。月の海がなめらかなのはこのためです。

月が誕生してからしばらくたった今から39億年前頃に、月面はふたたびはげしい衝突にさらされたようです。この時期を「後期重爆撃期」といいます。海をつくったマグマの活動は約30億年前にはほぼ終わりました。

月はこのような時期をへて、現在に至っています。

◆表側の地形

月の表側の主な地形を紹介しましょう。

月の海で最も目立つのは雨の海です。直径約１１００キロメートルの巨大衝突跡を、内部から

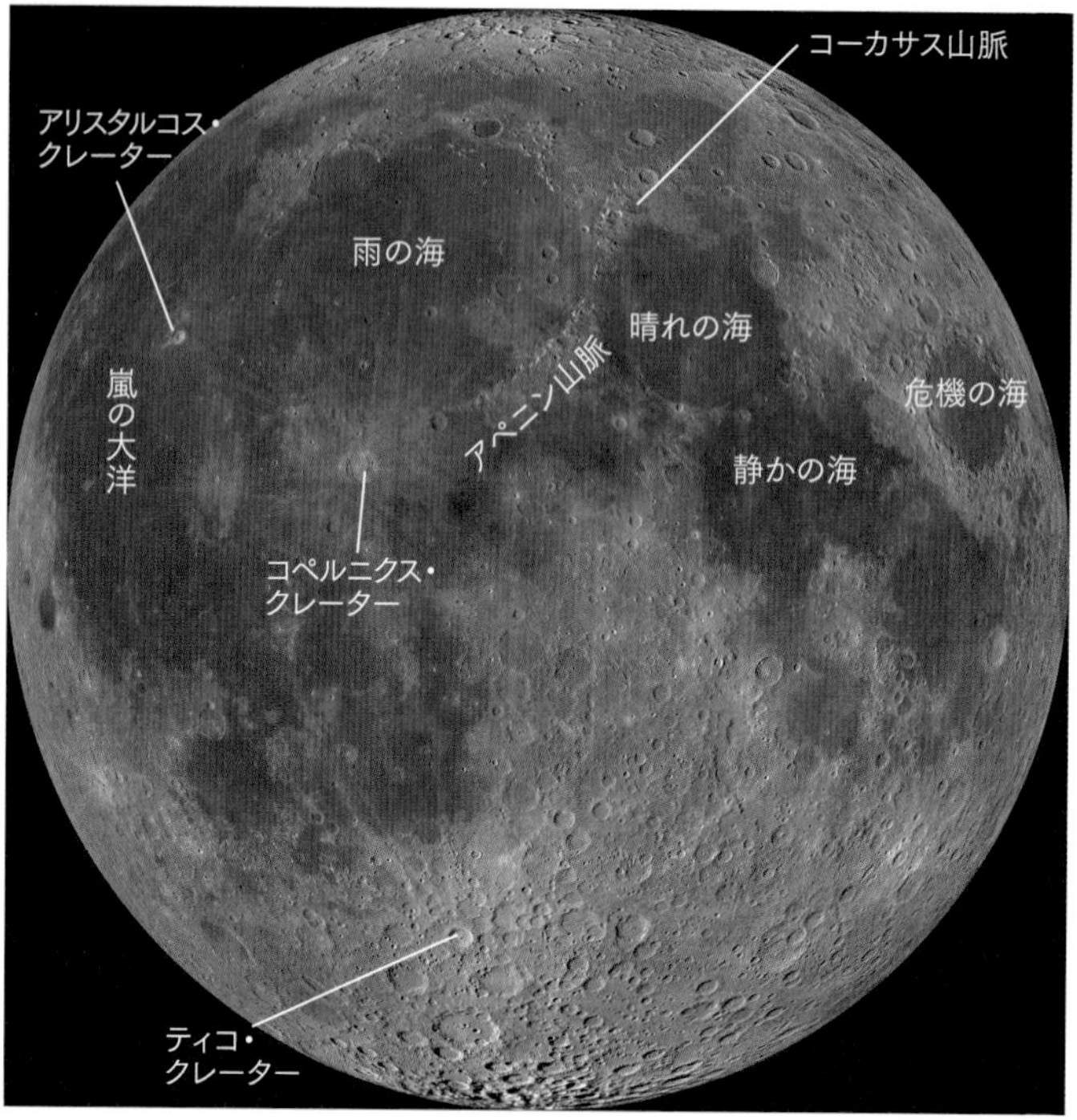

噴出してきた溶岩が埋めてつくられました。雨の海は後期重爆撃期の後期につくられたと考えられています。そのため、衝突の形がよく残っています。コーカサス山脈、アペニン山脈などとよばれている山地は、この衝突でできた縁が溶岩に埋められずに残ったものです。雨の海の北の縁には虹の入江があります。ここも衝突跡が溶岩に埋められてできた地形です。

雨の海の西には広大な嵐の大洋が広がっています。嵐の大洋は雨の海より古く、はっきりした形が残っていませんが、南北の長さが

3000キロメートル近くあります。月の火山活動で噴出してくる溶岩は流動性が非常に高いのですが、粘性がより高い溶岩もつくられたようです。嵐の大洋にあるマリウス丘には、火山活動でできたドームおよびスコリアとよばれる円錐形の火山地形が見つかっています。

雨の海の東に晴れの海があります。直径は約700キロメートルで、雨の海ができたときの噴出物が存在することから、雨の海より前の時代につくられたことがわかります。晴れの海の隣が静かの海で、ここにアポロ11号が着陸しました。その東には危機の海があります。直径約400キロメートルの危機の海も新しい衝突跡で、丸い形を保っています。

コペルニクス・クレーター。衝突で生じた噴出物が周囲に飛ばされている。

アリスタルコス・クレーター(左)とヘロドトス・クレーター(右)。手前に見えている曲がりくねった谷がシュレーター谷。

雨の海の南に位置するコペルニクス・クレーターは直径約90キロメートルの巨大クレーターです。約8億年前の衝突でできたとみられます。クレーターの中心には中央丘があり、周囲の縁の内側は段丘になっています。

嵐の大洋にはアリスタルコス・クレーターがあります。アリスタルコスは直径約40キロメートルのクレーターです。内部はきわめて明るい物質でおおわれており、月面で最も明るい場所になっています。アリスタルコスのすぐ隣にあるヘロドトス・クレーターの近くからはシュレーター谷とよばれる曲がりくねった谷がのびています。この谷は、溶岩が流れた跡です。

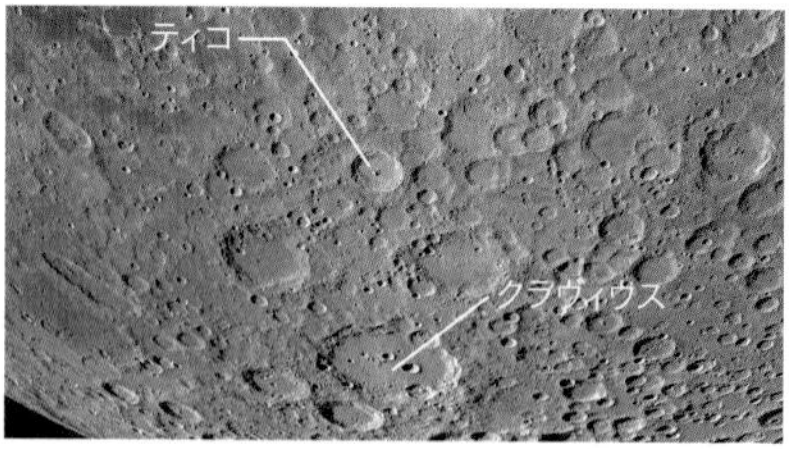

ティコ・クレーターとその周辺。多数のクレーターが見られる。中央少し上の少し明るいクレーターがティコ。中央丘も見えている。ティコの南（下）にある大きなクレーターはクラヴィウスで、スタンリー・キューブリックの映画『2001年宇宙の旅』で月面基地がつくられていたところである。

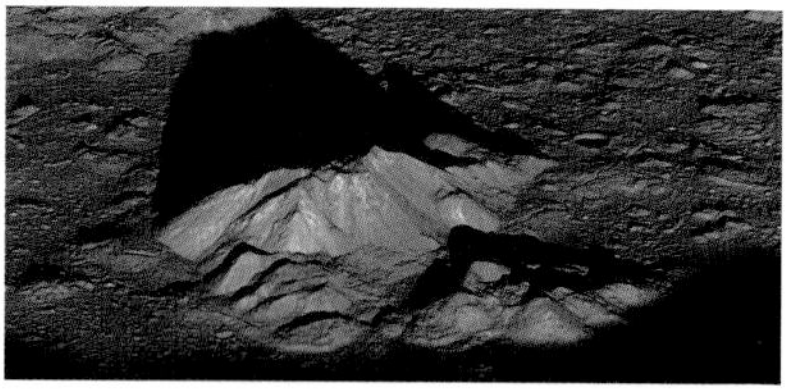
ティコ・クレーターの中央丘。2500メートルもの高さがある。

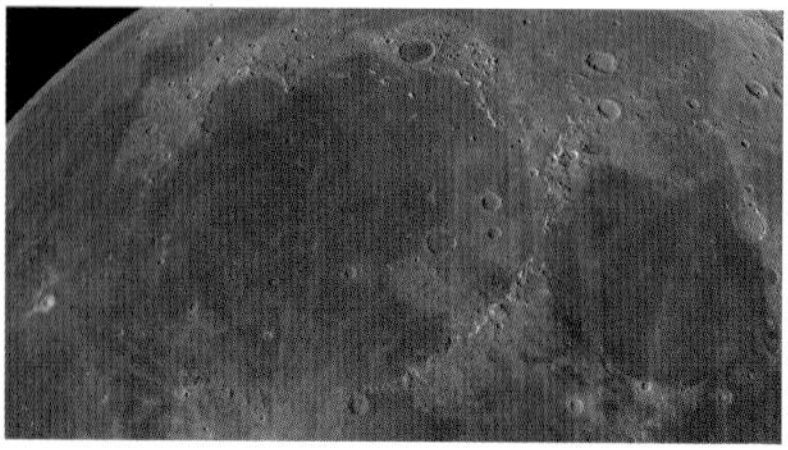
雨の海。大衝突の跡を溶岩が埋めて、平坦な地形が広がっている。周囲にくらべてクレーターが少ない。雨の海の右にあるのは晴れの海である。

月の南にあるティコ・クレーターは今から約1億年前の衝突でできた非常に新しいクレーターです。直径約85キロメートルで、クレーターの縁の内壁は険しい崖になっています。また中央丘はクレーターの底からの高さが約２５００キロメートルもあります。ティコからは明るく長いレイ（光条）が伸びており、地上からもよく見えます。ガリレオ探査機が撮影した写真（本章扉）にもみられるように、レイは月面のほぼ全域に及び、衝突の激しさを物語っています。

月面の西の端、表側と裏側の境界にオリエンターレ・ベイスンがあります。オリエンターレ・ベイスンは直径９３０キロメートルにおよぶ巨大な衝突跡で、多重リング構造がみられます。溶岩で埋められた中央部は、月の平均半径から4キロメートルも深くなっています。このベイスンは後期重爆撃期の前につくられたと考えられています。

◆裏側はどうなっているか

月の裏側には、海とよべる場所はモスクワの海しかありません。モスクワの海は四角形に近い形をしています。月の裏側では溶岩の噴出が少なかったため、衝突跡の全域を溶岩が埋めることはできなかったのかもしれません。「かぐや」の観測によって、モスクワの海ではマグマの活動が今から25億年前まであったことが明らかになっています。

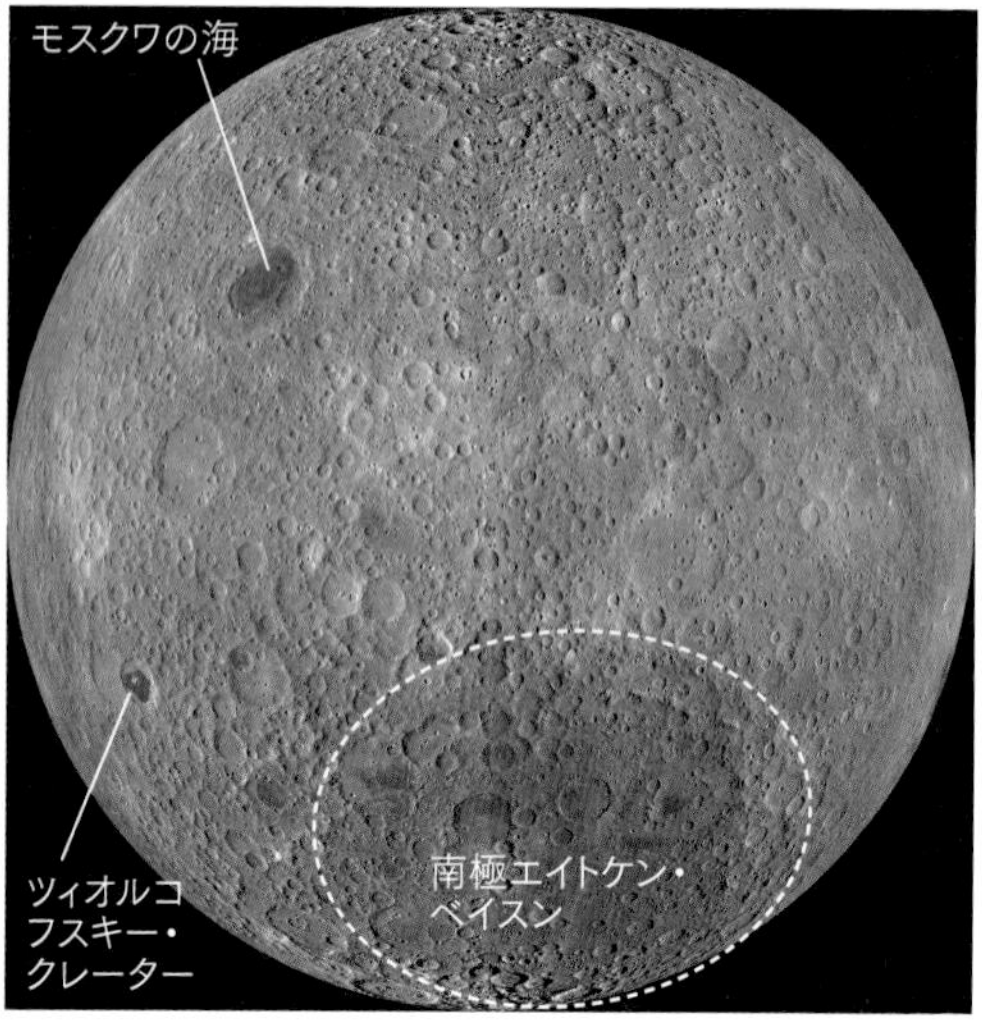

ツィオルコフスキー・クレーターは直径が約１８０キロメートルあります。クレーターの底には真っ黒な溶岩が広がっているため、裏側で一番目立つクレーターになっています。

月の裏側で最大の地形は南極エイトケン・ベイスン（ＳＰＡ）です。南極から南緯30度のエイトケン・クレーターのあたりまで広がっているため、この名がつきました。ＳＰＡの直径は２５００キロメートルにもおよび、太陽系天体の中で最大の衝突跡です。非常に古い時代の衝突でできました。その深さは13キロメートルにもなります。ＳＰＡを作った大衝突は月の地殻を吹き飛ばし、内部のマントルにまで達したと考えられてきました。実際、「かぐや」の観測によって、マントルに含まれる物質が露出している場所があることが明らかになっています。

ＳＰＡの内部にはその後、シュレーディンガー、フォン・カーマン、ライプニッツ、オッペンハイマー、アポロなどのベイスンや巨大クレーターがつくられています。月で起こったはげしい衝突の跡です。

月で最も高い地点と最も低い地点も、裏側にあります。「かぐや」のレーザー高度計のデータによると、最高地点はコロリョフ・ベイスンの北の端にあり、月の平均半径から10・75キロメートル高く、最低地点はアントニアディ・クレーターの底にあり、平均半径から9・06キロメートル低いことが明らかになりました。

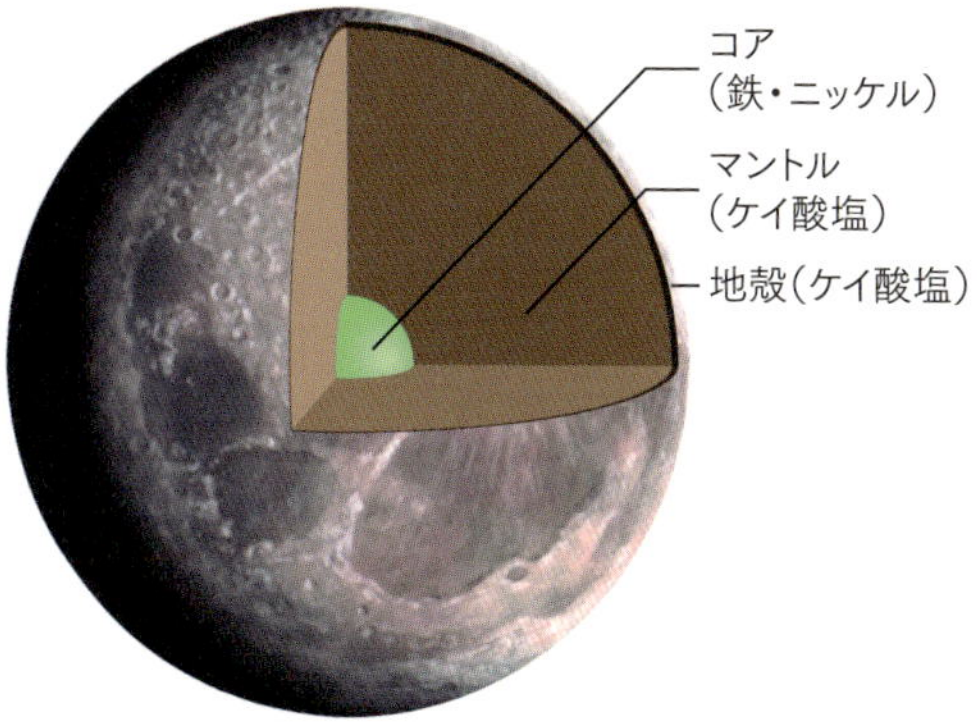

月の内部構造（イラスト：矢田 明）

ガリレオ探査機が撮影した月。正面にオリエンターレ・ベイスンが見えている。右上の暗い部分は嵐の大洋。左下のわずかに暗い部分が南極エイトケン・ベイスンである。

月

かぐや、月に帰る

西洋で昔から使われてきた月のシンボルは非常にシンプルで、三日月です。このことは、月の満ち欠けが古来、人々の重大な関心事であり、暦にも利用されてきた歴史を物語っています。月の光がやさしく穏やかなせいか、月は昔から女神に関係づけられてきました。

ギリシア神話の月の女神はアルテミスで、オリンポス十二神の一柱です。ゼウスとデメテルの娘とされますが、他にも説があるようです。これはアルテミスが古代ギリシアより前の時代から信仰されていた女神のためと考えられます。古代ギリシアにはセレネーという月の女神もいました。日本の月周回衛星「かぐや」のプロジェクト名はSELENE《セレーネ》でした。ヘカテーも月に関係した女神でした。これらはやがてアルテミスと同一視されていったようです。

アルテミスはローマ神話ではディアナ（ダイアナ）と同一視されますが、古代ローマにもルナという月の女神がおり、後にディアナと一体化されました。こうした月の女神の系譜は、月が昔から多くの土地で信仰の対象であったことを示すものです。

中国では月には嫦《じょう》娥《が》という仙女あるいは女神が住んでいると考えられてきました。そのため、

『竹取物語』より、かぐや姫が月に帰る場面（国会図書館蔵）

中国の月探査機には嫦娥の名前が付けられています。

日本の月周回衛星「かぐや」は、もちろん『竹取物語』のかぐや姫からとられたものです。『竹取物語』は9世紀末から10世紀はじめに成立したと考えられますが、この物語にはさまざまな民話や伝承が盛り込まれており、その成立過程は複雑です。四川省のチベット族に伝わる民話の中には、『竹取物語』とそっくりの『斑竹姑《はんちくこ》娘《しょう》』という話があります。天女との結婚話はアジアの他の地域にもあるようです。また、かぐや姫が竹から生まれることは、竹の多い東アジアや東南アジアとの関連を想起させます。『古事記』や『万葉集』にも、『竹取物語』に関連すると考えられる記述があります。

『竹取物語』はこうした要素を含みながら、非常に高い物語性をもち、日本最古の物語文学となっています。

かぐや姫は月世界の住人で、地上に転生しますが、やがて月に帰ります。月周回衛星「かぐや」も観測終了後、月面に落下してミッションを終えました。

かつて水があったと考えられ、
生命の可能性をめぐって
多くの探査計画が実行されている。

火星 *Mars*

火星は地球のすぐ外側をまわる惑星です。20世紀の半ばまで、多くの人が、火星には地球に似た環境があると考えていました。しかし、実際の火星は寒く乾燥した惑星です。火星表面の温度はほとんどの場所で0℃以下です。赤道地域で夏の期間にだけ20℃近くになります。二酸化炭素を主成分とする大気は地球の大気の100分の1以下という薄さです。過去に大量の水が存在したことは間違いありませんが、現在の火星表面に液体の水は存在していません。

火星は赤い色をしていますが、これは火星表面の岩石中の鉄分が酸化しているためです。

火星の1日は地球より少しだけ長く、24時間40分です。また、火星の1年は地球の

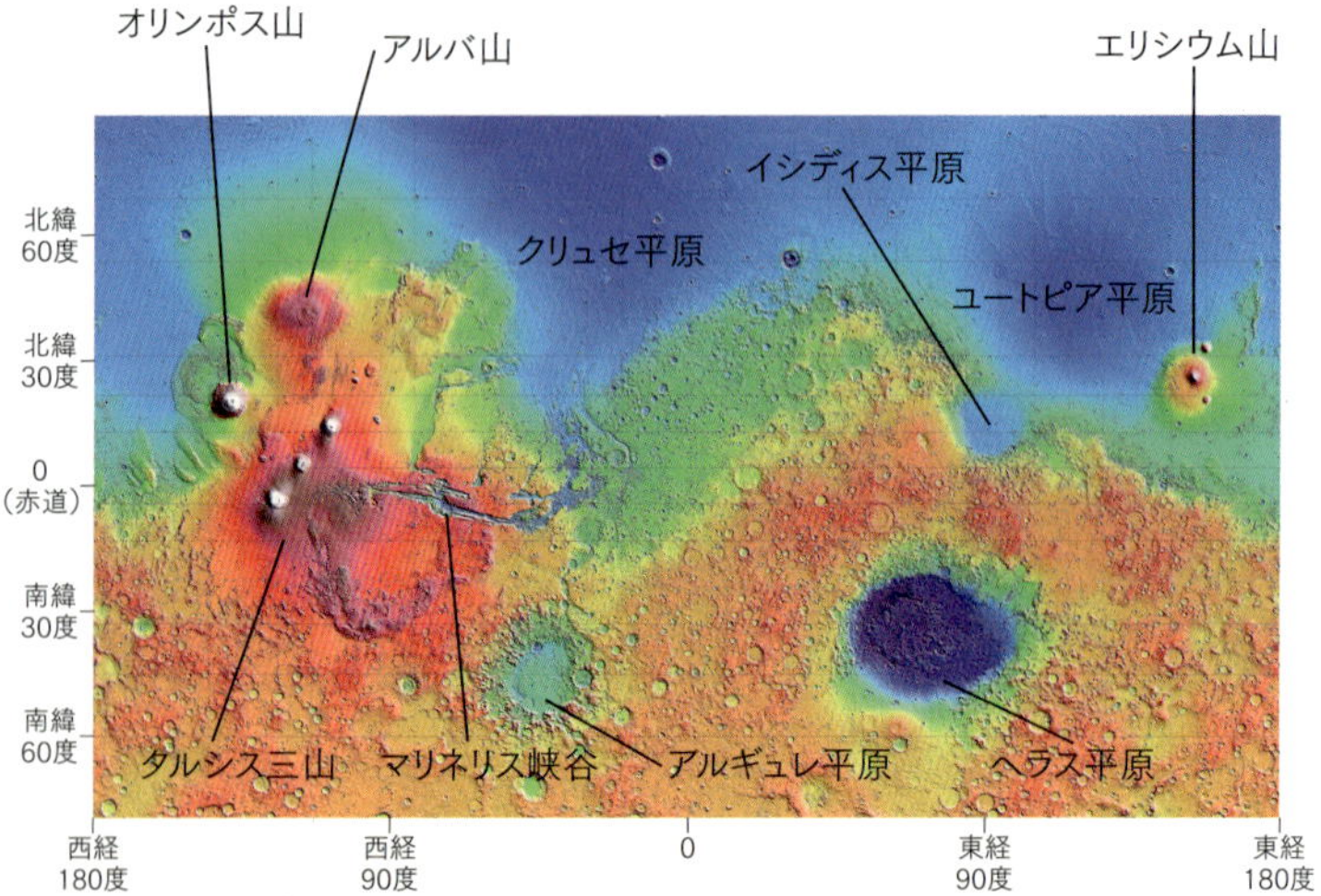

メルカトル図法で示した火星の地形

686日にあたります。火星の重力は地球の約3分の1です。

◆数多くの探査計画

火星に接近して最初に写真を撮影した探査機は、アメリカのマリナー4号でした。1965年のことです。写真にはクレーターだらけの地形が写っていました。

火星探査の偉大な成果はアメリカのバイキング1号と2号によってもたらされました。バイキング1号の着陸機は1976年7月にクリュセ平原に着陸しました。2号の着陸機も同年8月にユートピア平原に着陸しました。探査機は赤茶けた火星表面のカラー写真を地球に送ってきました。また、火星表面の試料を採取し、生命活動の有無を調べる実験を行いました。結果は生命の存在を否定するものでしたが、当時の検出技術には限界があり、これによって火星の土壌中に微生物がいるかどうかの結論が出たわけではありません。

一方、2機のバイキング探査機は火星を周回し、軌道上から赤い惑星の表面を観測しました。火星にはきわめて興味深い地形がたくさん発見されました。

火星探査機には失敗も多く、例えば1988年にソ連が打ち上げたフォボス1号と2号はどちらも通信が途絶してしまいました。1992年にアメリカが打ち上げたマーズ・オブザーバーも火星周回軌道に入る直前に通信が途絶えてしまいました。

1996年、火星探査の新しい時代がはじまりました。この年、アメリカはマーズ・グローバル・サーベイヤーとマーズ・パスファインダーを打ち上げたのです。マーズ・グローバル・サーベイヤーは火星を周回しながら、バイキング探査機よりはるかに高い解像度で表面を観測しました。パスファインダーは小型の火星ローバーで、限られた観測しかできませんでしたが、その名の通り、スピリット、オポチュニティ、キュリオシティと続く火星ローバーの時代を拓きました。ヨーロッパは2003年にマーズ・エクスプレスを打ち上げました。同機の着陸機ビーグル2は火星着陸に挑みましたが失敗しました。しかし、マーズ・エクスプレス自体は火星を周回して観測を行い、多くの成果を上げました。

現在、アメリカのフェニックスとMRO、メイブンが軌道上で観測を行っています。フェニックスとMROは火星表面を、メイブンは火星の大気がいかにしてなくなったかを調べる探査機です。

◆砂嵐が吹き荒れる大地

地上からの観測によって、火星にはいくつかの変化が起こることが以前から知られていました。

その1つは極冠《きょっかん》の消長です。極地方には極冠とよばれる氷の層があり、冬になると拡大します。大気中の二酸化炭素が凍ってドライアイスとなり、水の氷からなる万年氷の上に降りつもるためです。

火星の山地に白い雲がかかることもあります。大気中にわずかに含まれる水蒸気が凍って雲になるのです。

もう1つは巨大砂嵐です。これが起こると火星の広い範囲がかくされてしまい。表面の様子が見えなくなってしまいます。巨大砂嵐の存在は、火星の希薄な大気にも大規模な気象現象があることを示しています。

火星表面からこの砂嵐を見ると、赤いダストが空をおおいつくしているでしょう。火星は太陽からの距離が地球の約2倍と遠いので、火星表面での明るさはもともと地球の曇天時ほどです。砂嵐が発生すると、さらに太陽光がさえぎられるので、夕方のように暗くなってしまいます。嵐によって吹き飛ばされる心配はありません。火星の大気は非常に薄いので、わずかな風圧しか感じないのです。

火星表面から見る空は、ピンク色ないしオレンジ色をしています。火星の大気中に浮かんでいるダストが太陽光を散乱させているのですが、ダストは赤い色をより散乱させるため、火星の空は赤みを帯びて見えるのです。

ところが、火星の夕焼けは青くなります。太陽が傾くと、太陽光は火星の大気層をより長く通ってきます。その間に赤い光は散乱によってなくなってしまいます。そのため、太陽を真正面から見ると、太陽の方向からくる青い光が届き、夕焼けが青く見えるのです。

◆火星の地形

火星にも金属コア、マントル、地殻という内部構造があります。コアは固体であるため、現在の火星に磁場はありません。ただし、火星表面の一部に磁気の縞模様が発見されており、過去には何らかの磁場があったと考えられます。地殻は主に玄武岩でできています。

このことは、火星の表面が火山活動や溶岩流によってできたことを示しています。火星にはプレートテクト

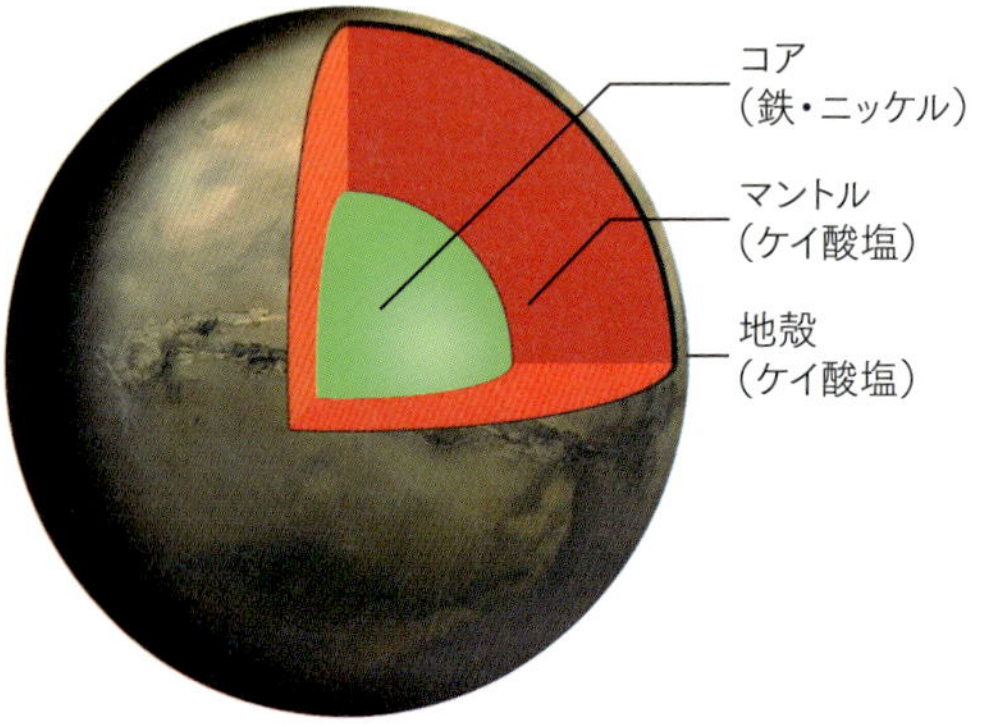

火星の内部構造（イラスト：矢田 明）

ニクスのような活動はありませんでした。

マーズ・グローバル・サーベイヤーの観測によって、火星の地形の特徴が明らかになりました。おおざっぱにいうと、火星の北半球は低地、南半球は高地になっています。ただし、月の高地と海とは異なります。月では高地は斜長岩、海は玄武岩と表面の物質が分かれていますが、火星では高地も低地も玄武岩でできています。南半球の地殻が北半球より厚いため、このような高低差ができているようです。

南半球の高地には多数のクレーターがあり、古い時代の地形が残っています。南半球で一番目立つ地形が、ヘラス平原です。地上からの観測で昔から平原とされてきましたが、実際は巨大な衝突跡です。直径は２３００キロメートル、深さは約７キロメートルあり、平原の底は火星で最も低い場所になっています。

南半球にはもう１つ巨大な衝突跡があります。アルギュレ平原です。直径１８００キロメートル、深さは約５キロメートルです。また、南半球の高地の縁に当たる赤道近くにはイシディス平原があります。直径は１５００キロメートルです。

これらの衝突跡は、サイズの大きな天体が落下していた古い時代につくられたと考えられます。

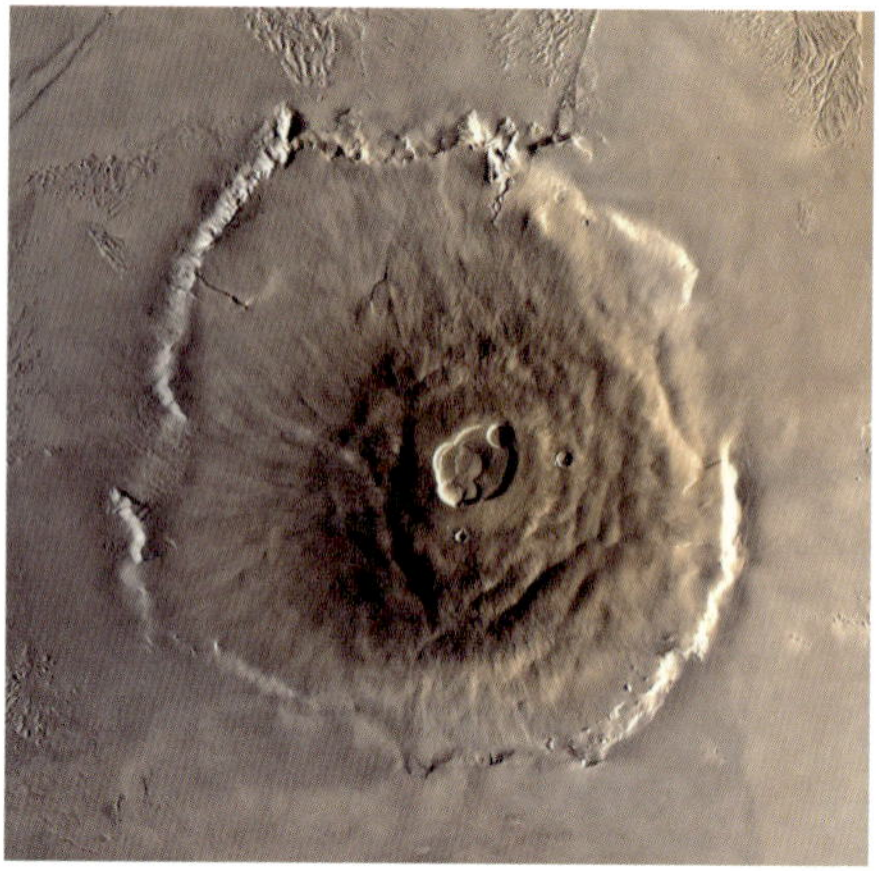

真上からみたオリンポス山。太陽系最大の規模をもつ火山である。頂上はカルデラになっている。山体の縁は急斜面になっている。

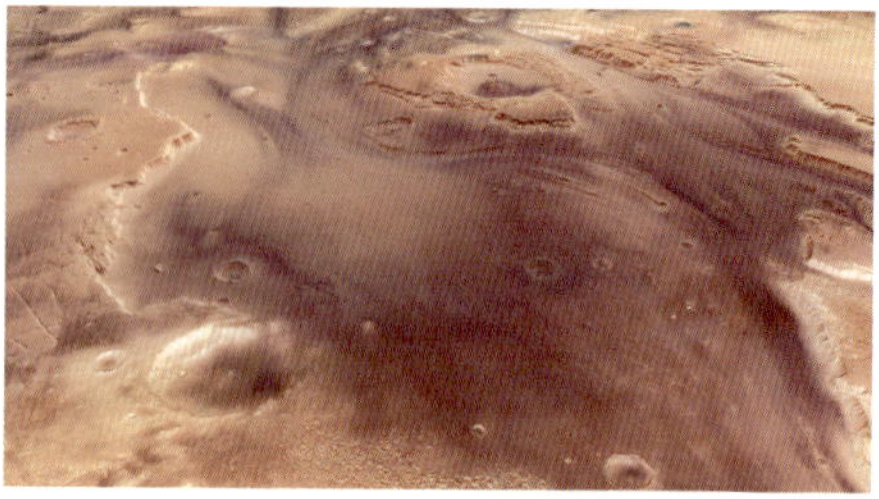

カセイ谷。大量の水が流れた場所である。「カセイ」は日本語の「火星」からとられている。（提供：ESA）

◆太陽系最大の火山を擁する北半球

一方、北半球の低地はクレーターが少なく、南半球より若い地形です。火星にはかつて大量の水があったと考えられています。低地である北半球に大きな海が広がっていたのでしょう。北半球の各地に水の流れた跡が残っているのは、そうした理由によります。水が流れた跡には、大量の水が洪水のように流れた場所や、川の流れがネットワークのようになっている場所などがあります。火星の水の存在は単純ではなく、ことなる時代に何度も水が流れたと考えられます。

　北半球には巨大な火山があります。オリンポス山は太陽系最大の火山で、高さは22キロメートル、裾野の直径は約600キロメートルにもなります。大量の溶岩が流れてできた楯状火山で、頂上は陥没してカルデラになっています。このような巨大な火山が形成されるには1億年以上がかかると考えられています。ということは、火星にはプレートの移動はなく、火星の火山は同じ場所から長い期間にわたって溶岩が噴出するタイプであることを示しています。

　オリンポス山の南東には、高さが15キロメートル前後の3つの火山が直線状に並んだタルシス三山があります。南からアルシア

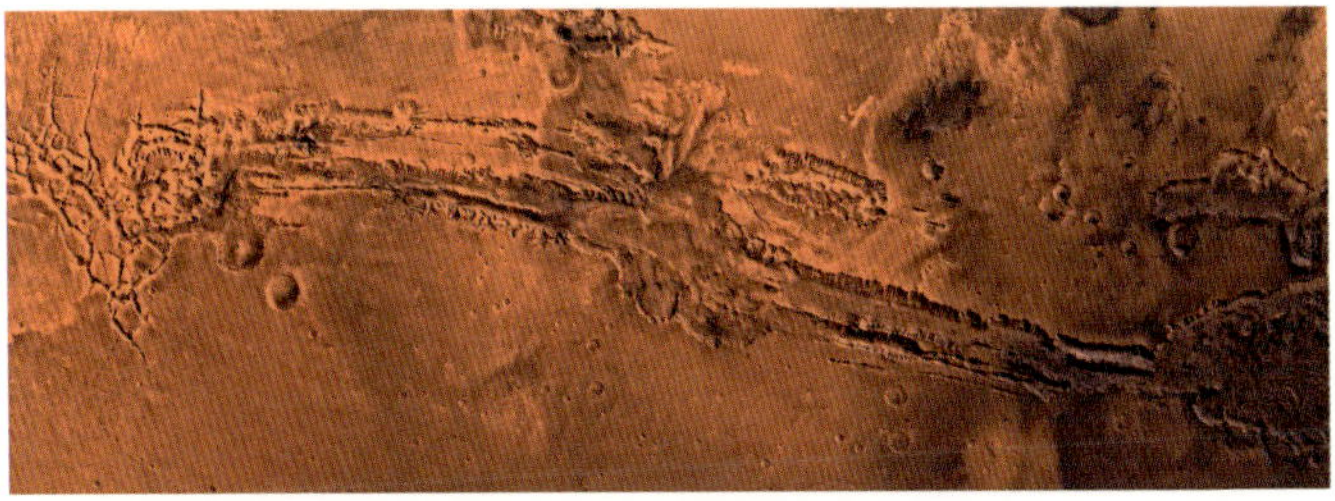

マリネリス峡谷。長さ4000キロメートルに達する巨大な峡谷である。西（左）の端が「夜の迷宮」

マリネリス峡谷の一部であるカンドール・カスマとよばれる場所。深い谷が落ち込んでいる。（提供：ESA）

山、パヴォニス山、アスクレウス山です。タルシス三山があるあたりは、地下から大量の溶岩が上昇してできた台地になっており、タルシス三山の北にはやはり巨大火山のアルバ山があります。このあたりが火星で最も火山活動が活発だった場所になっています。ここから西に行ったところにはエリシウム山があります。エリシウム山は高さ13キロメートルで、裾野の直径は長いところで700キロメートルに達し、オリンポス山に次ぐ火星第2の火山です。

　タルシス山地の東には、赤道に沿ってマリネリス峡谷が横たわっています。長さ4000キロメートル、深さ6キロメートル、最も広いところで幅200キロメートルに達するマリネリス峡谷は太陽系最大の峡谷です。地球のグランドキャニオンが長さ約450キロメートル、平均深さが1・2キロメートルであることを考えれば、その規模の大きさがわかるでしょう。

　マリネリス峡谷は水が流れてできた地形ではなく、巨大な引っ張り力によって引き裂かれてできた地形と考えられています。しかし、どのようにして、それだけの力が働いたかはわかっていませんｂ。タルシス地域で溶岩の大規模な上昇が起こった際、このあたり一帯の地殻自体も膨れ上がり、そのために裂け目ができたという説もあります。

マリネリス峡谷の西の端は、裂け目が複雑に錯綜しており、ノクティス・ラビリンザス（夜の迷宮）とよばれています。

◆4つの年代記

火星の地質年代はプレノアキアン、ノアキアン、ヘスペリアン、アマゾニアンという4つの時代に分けられています。

プレノアキアンは火星誕生〜41億年くらい前までの時代です。ヘラス平原はこの時代に起こった大衝突の跡で、41億〜38億年前のこととみられています。アリギュレ平原、イシディス平原もこの時代の古い地形です。

ノアキアンは41億〜37億年くらい前の時代です。この時代には小天体の衝突が激しかった後期重爆撃期が含まれ、火星表面は多数のクレーターでおおわれたと考えられます。また、この時代の後期につくられた地形の中に大量の水が流れた跡があるため、この頃の火星には大量の水が存在したと考えられます。活発な火山活動もあり、タルシス山地ができたのはこの時代の末期と考えられています。

ヘスペリアンは37億～30億年くらい前までの時代です。この時代も火山活動は活発で、オリンポス山はこの時代につくられました。

アマゾニアンは30億年前から現在までの時代です。この時代になると、小天体の衝突は少なくなりました。この時代の地形からも水の流れは確認されています。火星表面からいつ水がなくなったのかははっきりしていません。

火星の水の一部は宇宙空間に逃げていってしまいましたが、多くの水は現在火星の地下に凍った状態で残っています。

火星には今より濃い大気があったはずですが、今はほとんど失われています。大気がいつごろ失われたのかもよくわかっていません。火星は質量が小さいため、かつて存在した大気の成分を引き留めておくことができませんでした。大気の成分は宇宙空間に逃げてしまいました。これを大気の散逸といいますが、実際にどのような仕組みで大気が散逸したかはよくわかっていませんでした。小天体が頻繁に衝突していた時代に、衝突のエネルギーで散逸したという説もありました。アメリカの探査機メイブンは、この火星大気の散逸過程を調べるのが目的でした。メイブンの観測により、火星大気の散逸には太陽風が大きな影響を与えていたことが、最近明らかになり

火星ローバー、スピリットが撮影した火星の日没。火星の夕焼けは青い色になる。

ました。

◆火星ローバーの活躍

２００４年1月、火星ローバー（自走する探査車）のスピリットとオポチュニティが相次いで火星に着陸しました。

スピリットが着陸したのは赤道近くのグーセフ・クレーターでした。グーセフ・クレーターは直径約１００キロメートルで、クレーター内部に川から水が流れこんでいました。そのため、古い時代の水の環境を調べることができると考えられたのです。

スピリットは7・7キロメートルを移動しながら、火星の岩石を調べました。大量の水の存在を証明する証拠は得られませんでしたが、岩石

火星ローバー、スピリットがハズバンドヒルという山の中腹から撮影した火星の表面。

中に水が存在したことを示す構造を発見しました。スピリットはトロイと名付けられた場所で、火星の砂に車輪を取られて走行不能となり、2010年3月に通信が途絶えていました。スピリットのミッションは2011年に終了しました。

オポチュニティが着陸したメリディアニ平原はやはり赤道域にありますが、スピリットの着陸地点の反対側にあたります。メリディアニ平原が着陸場所に選ばれた理由は、マーズ・グローバル・サーベイヤーの観測によって、ここにはヘマタイト（赤鉄鉱）とよばれる酸化鉱物が存在するとわかったからです。ヘマタイトは水の存在下でできる鉱物です。

オポチュニティが岩石中に発見したブルーベリーと名付けられた小さな丸い粒には、ヘマタイトが多量に含まれていました。オポチュニティは堆積によってできた地層も発見しました。メリディアニ平原は昔、浅い海だったのです。

火星のちょうど反対側に位置するスピリットとオポチュニティ

の着陸地点の両方で水が存在した証拠がみつかったわけで、かつて火星には広い範囲にわたって海が存在したことが確かめられました。

オポチュニティは現在も活動中です。移動距離は２０１６年2月現在で42・66キロメートルに達しています。

火星に海が存在した頃の想像図（提供：ESO）

ゲール・クレーターで観測を続ける火星ローバー、キュリオシティのセルフ・ポートレート。何枚もの写真を合成して作成されている。

2012年にはキュリオシティがゲール・クレーターに着陸しました。ゲール・クレーターは赤道近くにあり、直径は約150キロメートルです。クレーターは衝突によって深いところまで掘り起こされており、真ん中にはシャープ山とよばれる高まりがあります。シャープ山は衝突によってできた中央丘ではなく、クレーター内の周辺部が浸食されたために残された地形です。

キュリオシティはクレーターの底に着陸しました。クレーターの底からシャープ山を登っていけば、非常に古い時代からの地層を順番にたどることになり、火星の海の歴史を調べることができるのです。キュリオシティは2016年2月現在、まだクレーターの底を調べています。

◆2つの衛星

火星には2つの衛星があります。フォボスとダイモスです。どちらもいびつな形をしており、火星の重力に捕獲された小惑星と考えられています。

内側をまわるフォボスのサイズは27×22×19キロメートルで、火星表面からわずか6000キロメートルしか離れていません。火星の自転速度の約3倍のスピードで火星をまわっているため、火星表面から見ると、フォボスは西からあらわれ、東に沈みます。これを1日に2回くり返します。フォボスの表面は多数のクレーターでおおわれています。スティックニーとよばれる巨大なクレーターもあります。

フォボスは少しずつ火星に近づいており、やがて火星の重力によって粉々に砕けてしまうとみられています。

外側をまわるダイモスはフォボスよりも小さく、サイズは16×12×10キロメートルです。

火星の衛星、フォボス。右下に大きなクレーター、スティックニーがみえている。

火星
古代の船乗りたちの湾

火星の赤い色は戦争や血を連想させたため、ローマ神話の軍神マルスの名がつけられました。マルスはギリシア神話のアーレスと同一視されています。さそり座の赤く輝く1等星アンタレスは「アンチ＋アーレス」、すなわち「アーレスに対抗するもの」という意味です。昔から火星が赤い色と結びつけて考えられてきたことがわかります。

火星の惑星記号はマルスの盾と槍をあらわしたものです。現代では男性をあらわすシンボルとして使われています。

19世紀後半になると、天文学者たちは望遠鏡で火星表面の地形を観測するようになりました。ミラノ天文台の台長であったジョヴァンニ・スキャパレリは、１８７７年に火星が大接近した際、火星の表面を観測しました。スキャパレリはその後も観測を続けて火星の地図を作成し、１８８８年に発表しました。

スキャパレリは火星の暗く見えるところ（主に南半球）を海にみたて、「真珠の湾」「大シルチス」「サバ人の湾」などのロマンチックな名前をつけました。真珠の湾は古い時代のインドの海岸にあり、真珠の交易で栄えました。シルチスとはリビアにあるシドラ湾の古代ローマ時代の

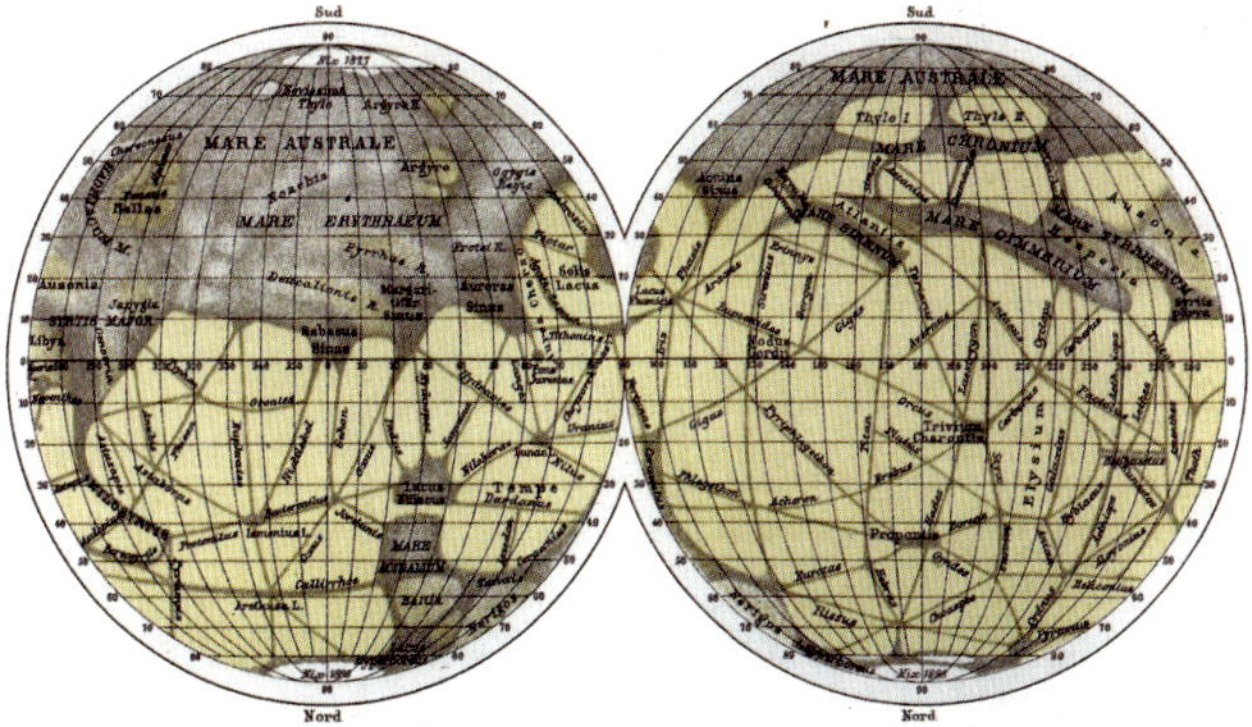

スキャパレリが1888年に発表した火星の地図。望遠鏡で見た地形を描いているため、上が南になっている。陸地とみなされる明るい部分にたくさんの筋が走っている。

名前です。サバ人は南アラビアの古代国家をつくった人々です。

スキャパレリは明るく見えるところ（主に北半球）を陸地にみたてています。陸地に入り込んだ湾からは幾筋もの暗い線が内陸に向かって伸びています。スキャパレリはこの筋を「キャナリ」とよびました。イタリア語で「溝」という意味ですが、これが英語では「キャナル」すなわち「人工的な運河」と翻訳されてしまったとされています。

火星に運河があるという話に、スキャパレリ自身は責任がないわけですが、とはいえ、彼の地図をみると、「キャナリ」は明らかに直線であったり、きれいな弧を描いたりしており、人工物であることを想起させるものでした。

火星の運河は人々の想像力をかきたて、もっとくわしく運河を調べようとする人たちが現れました。アメリカの大富豪パーシヴァル・ローウェルは、火星を観測するために私財を投じてローウェル天文台を建設しました。彼の運河の探求は実を結びませんでしたが、ローウェル天文台は後年、冥王星の発見に大きな役割をはたすことになります。

火星探査機の時代になって、スキャパレリの火星地図はいかにも古いものになってしまいましたが、この地図で使われていた「クリュセ」「ユートピア」「ヘラス」「タルシス」などの名前は、現在もそのまま使われています。

約400年前、
ガリレオが4つの衛星を発見。
大赤斑や縞模様が美しい
太陽系最大の惑星。

木星 *Jupiter*

◆太陽になりそこねた巨大惑星

木星は太陽系最大の巨大惑星であり、水素を主成分とするガス惑星です。木星には岩石惑星のような固体の表面はありません。私たちが望遠鏡で見ているのは大気の雲の層です。木星の雲には独特の縞模様があり、さらに巨大な眼のような大赤斑《だいせきはん》やそれよりサイズの小さい白斑《はくはん》などもあります（本章扉写真）。この大赤斑は300年以上にわたって観測されています。

ガリレオ・ガリレイは1610年に望遠鏡で木星を観測し、4個の衛星が木星をまわっているのを発見しました。その様子から、ガリレオは太陽系もこれと同じように、太陽のまわりをそれぞれの惑星がまわっているのではないかと考えたといわれています。

木星の1日は約10時間です。直径が地球の11倍

木星の南半球の一部。大赤斑とその周辺の大気のはげしい流れがわかる。大赤斑の下に白斑もみえる。

という巨大さにもかかわらず、このような猛スピードで自転しているために、木星は完全な球体ではなく、赤道方向が遠心力によって膨らんだ形をしています。

木星は太陽になりそこねた星であるといわれることがあります。太陽が恒星として光り輝いているエネルギー源は、水素による核融合反応です。太陽と同じような成分をもつ木星の質量が今の80倍あれば、核融合反応がはじまったと考えられます。そうなっていたら、太陽系は２個の恒星がおたがいのまわりをまわる連星系になっていたでしょう。

◆探査機が見た本当の姿

木星にはじめて接近した探査機はＮＡＳＡのパイオニア10号で、１９７３年のことでした。翌年にはパイオニア11号も接近しましたが、この頃の観測技術にはまだ限界がありました。しかし、１９７９年に相次いで木星に接近したボイジャー１号と２号は、木星やその衛星を間近からくわしく観測しました。それは驚くべき発見の連続でした。木星の大気の運動が観測され、衛星たちの思いもかけなかった素顔が明らかになりました。地上からは見つけることができなかったかすかな環も発見されました。ボイジャーの観測結果は惑星科学の発展に大きな役割をはたしました。

１９９５年にはガリレオ探査機が木星の周回軌道に入り、７年間にわたって観測を行いました。

ボイジャー探査機は1979年に木星に接近し、数々の発見をもたらした。

また、ガリレオ探査機が搭載していたプローブが木星大気に投下され、パラシュートを展開して降下しながら大気のデータを収集しました。

現在、ジュノーというＮＡＳＡの探査機が木星に向かっており、２０１６年７月に木星を周回する軌道に入る予定です。

◆主に水素・ヘリウムで構成

木星は主に水素からなるガスのかたまりといえますが、その中心には岩石と氷が混じったコアがあると考えられています。木星が形成されるとき、まず岩石と氷のコアができ、これが地球の10倍ほどの質量をもった頃、周囲の水素やヘリウムのガスを急速に取り込んで巨大なガス惑星に成長していったのです。

コアの周囲には厚い水素の層があります。層の下部では、高い圧力のために、水素は金属状態

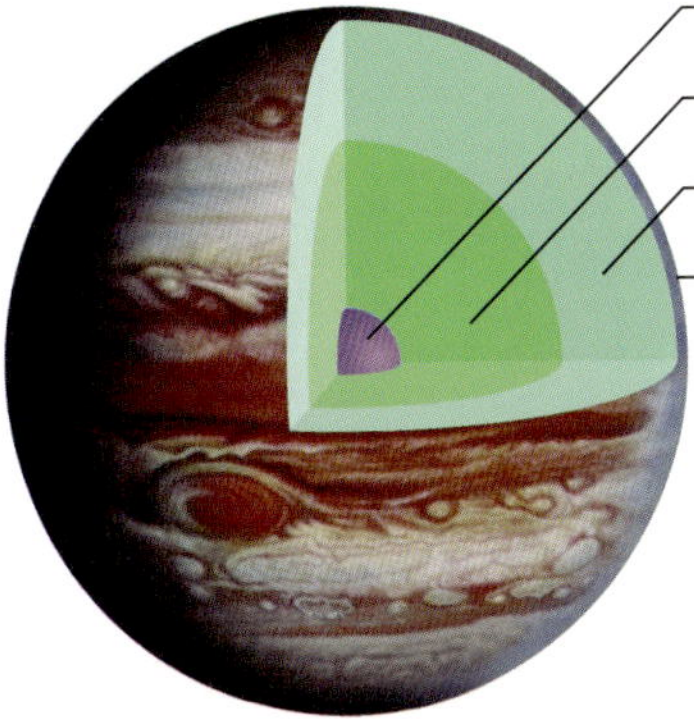

木星の内部構造（イラスト：矢田 明）

になっています。金属状態とは、水素原子が高い圧力のために圧縮され、原子核のまわりをまわっていた電子が自由に移動できるようになった状態のことをいいます。水素の層の上部では、水素は液体になっています。その上に水素とヘリウムを主成分とし、メタンやアンモニアなどを含む大気の層があります。ただし、液体と気体の層の間にはっきりした境界はないと考えられています。

◆複雑で美しい模様の正体

木星大気中の雲の層は3つの層になっていると考えられています。一番上にはアンモニアの氷の粒からなる雲の層があります。その下にはアンモニアと硫化水素の化合物である硫化水素アンモニウムの雲の層があります。私たちが縞模様や大赤斑、白斑などを見ているのは、このあたりの層です。その下に水の氷の粒からなる雲の層がありますが、この層は見えていません。これらの雲は白色です。では、木星の雲の茶色や赤色はどうやってつくられているのでしょうか。よくわかっていませんが、硫黄やリンなどの分子との化学反応でこうした鮮やかな色がつくられていると考えられています。

木星の縞模様をよく見ると、赤道に平行に白い帯と褐色の帯が交互になっているのがわかります。白く明るい帯は「ゾーン」、褐色で暗い帯は「ベルト」とよばれます。ゾーンはアンモニアの雲が上昇している場所、一方、ベルトは下降流の場所で、下の雲の層が見えていると考えられています。ゾーンとベルトの境界にはジェット気流が吹いています。赤道付近では、そのスピードは秒速100メートルに達します。ジェット気流の向きはそれぞれの帯の上下で反対方向になっています。そのため、縞模様にははげしい乱流が生じています。

大赤斑は楕円形で、地球が3つ入るほどの大きさをもち、反時計回りに回転しています。この巨大な渦は高気圧で、雲の層の頂《いただき》からもり上がっています。ハッブル宇宙望遠鏡などの最近の観測によると、大赤斑の大きさが次第に小さくなっていることがわかっています。大赤斑はこのまま小さくなって、やがて消滅するという考えもありますが、実際にどうなるかはわかりません。また、2000年には3つの白斑が合体して、大赤斑の半分くらいの大きさの白斑「オーバルBA」

が出現しました。オーバルBAは2006年に赤色に変わり、「レッド・ジュニア」ともよばれています。大赤斑の変化や新たな赤斑の出現は、木星大気の運動のはげしさを物語っています。

木星大気中に突入したガリレオ探査機のプローブは58分間にわたって観測を行いました。木星の雲の下では秒速150メートルもの風が吹き荒れ、雷がひんぱんに発生していました。

◆多彩な環と衛星をもった星

木星には強力な磁場があり、極域ではオーロラが観測されています。太陽からの荷電粒子《かでんりゅうし》が磁力線に沿って下りてきて、大気中で発光しているのですが、衛星イオからやってくる粒子もオーロラの成因になっているようです。

ボイジャーは木星にも環があることを発見しました。木星の環は非常に細かいちりの粒子でできています。

木星では現在のところ、合計67個の衛星が確

ハッブル宇宙望遠鏡が観測した木星のオーロラ。
（提供：STScI）

認され、そのうち50個に名前がついています。このうちイオ、エウロパ、ガニメデ、カリストの四大衛星はガリレオが発見したことからガリレオ衛星とよばれています。ガリレオ衛星は他の衛星にくらべて格段に大きく、木星をまわる軌道は木星の赤道面とほぼ同じになっています。このことから、ガリレオ衛星は木星がつくられたときに、木星を取り巻く円盤から形成されたと考えられています。ガリレオ衛星は地球の月と同じように、いつも同じ面を木星に向けています。

ガリレオ衛星以外の衛星は、木星の重力によって捕獲された小天体と考えられています。

❖イオ

ガリレオ衛星のうち一番内側をまわるイオは、太陽系で最も活発な火山活動がおきている天体です。ボイジャーはイオの表面が火山からの噴出物や溶岩でおおわれているのを発見したばかりか、火山からの噴煙(プルーム)が高さ300キロメートルの高さにまで噴き上がるのも観測しました。火山噴火の瞬間をとらえたのです。プルームは見事な傘状になっていました。

イオの表面はまるでピザパイのような黄色、褐色、赤色をしています。黄緑色の部分もあります。こうした色は溶岩や噴出物に含まれる硫黄やその化合物によってつくられていて、温度によって色が異なります。また白い部分はそれらが凍った場所と考えられます。

木星を周回して観測を行ったガリレオ探査機は、イオの火山が数年、あるところではわずか数カ月でその姿を変えるのをとらえています。たとえば、ツバシュターとよばれる火山を3カ月後に観測したところ、以前噴火していた場所では噴火が収まり、別な場所で噴火がはじまっていました。また溶岩湖の形も変わっていました。また、冥王星に向かうニューホライズンズが2007

衛星イオの表面は、はげしい火山活動によって常に更新されている。

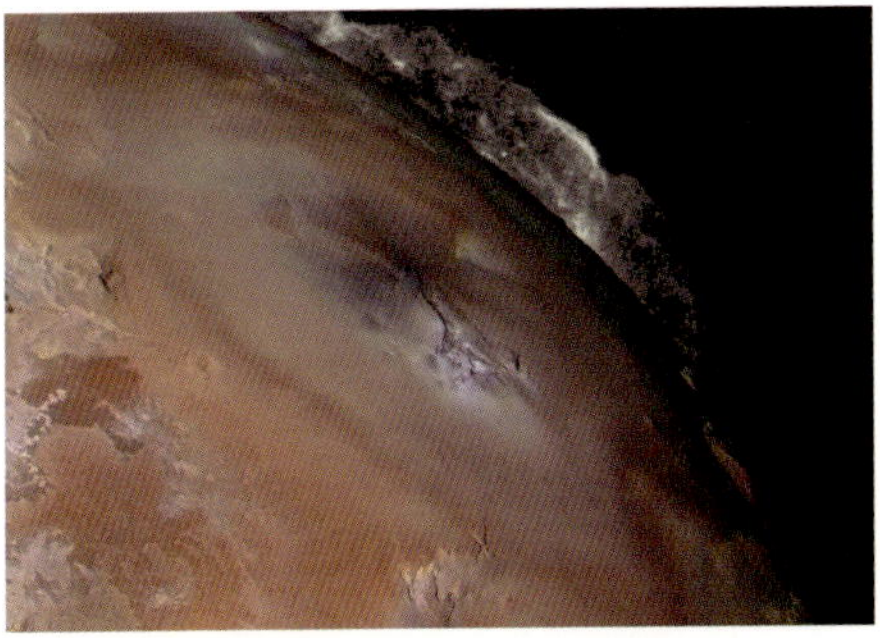

ボイジャーが観測したイオの火山の噴煙。

年にイオを観測した際には、３つのプルームが同時に上がっているのがとらえられました。

イオの表面には衝突クレーターが存在しません。火山活動によって、常に表面が更新されているのです。このようなイオのはげしい火山活動を引き起こしているエネルギー源は、木星の潮汐力《ちょうせきりょく》です。木星をまわるイオの軌道は完全な円ではないため、木星に少し近づいたり、離れたりします。そのため木星の潮汐力が変化し、イオの内部がもまれて加熱されるのです。

木星をまわるイオの軌道には、火山からの噴出物がドーナツ状にたまっています。これをイオ・トーラスとよんでいます。また、木星とつながった磁力線にそって、火山からの電気を帯びた粒子が移動し、木星でオーロラをつくりだしています。

エウロパ

イオの内部は岩石惑星や月と同じように、中心に金属のコア

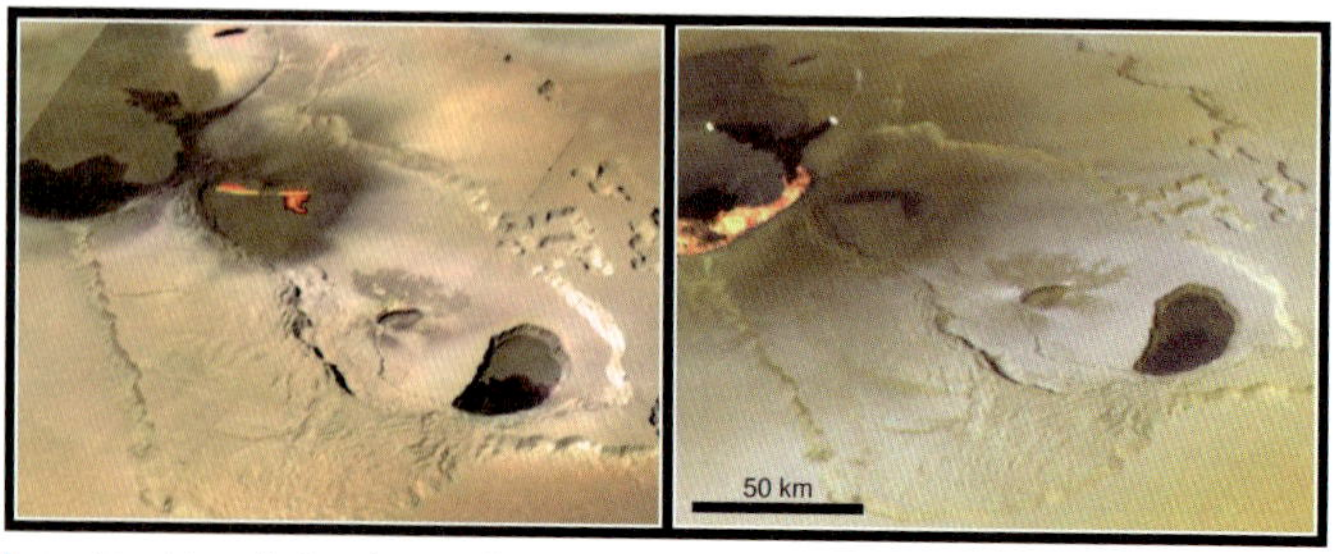

ツバシュター火山。右の画像は左の画像の3カ月後に撮影されたもの。噴火の場所や溶岩湖（黒い部分）の形が変わっている。

があり、そのまわりにマントルと地殻があるという構造をしていますが、エウロパでは表面が氷の層になっています。また、マントルと表面の氷の層の間には、厚さが１００キロメートルにも達する液体の水の層が存在すると考えられています。つまり、エウロパの内部には海が存在しているということです。

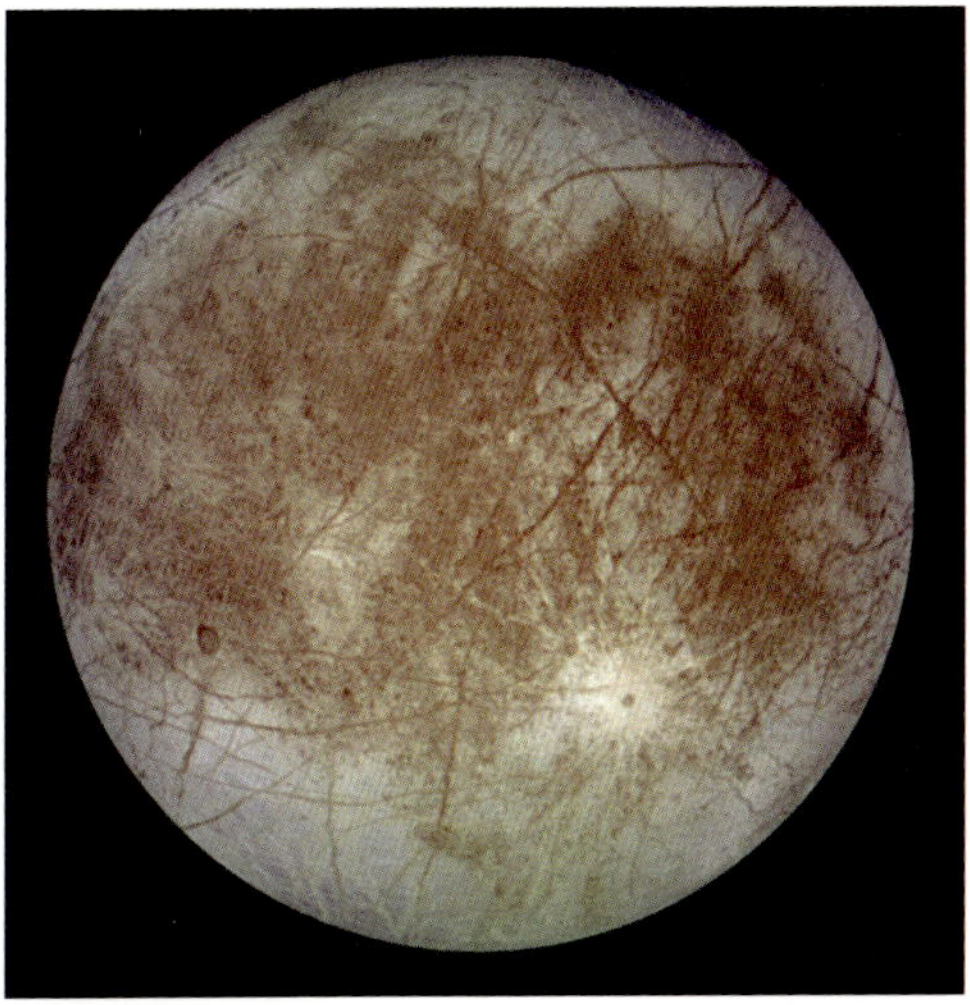

エウロパの表面は氷におおわれているが、岩石を含む褐色の領域もある。

エウロパの表面には白っぽい氷の領域の他、褐色をした場所や長く続く褐色の筋状の地形もみられるので、氷の層には岩石も含まれていることがわかります。クレーターが非常に少ないのも特徴で、このことからエウロパの表面は非常に若く、その年齢は４０００万～９０００万年程度と推定されています。また、エウロパの表面は非常になめらかです。これはクレーターによってできたへこみを、流動する氷がうめて平坦にしてしまうためと考えられます。

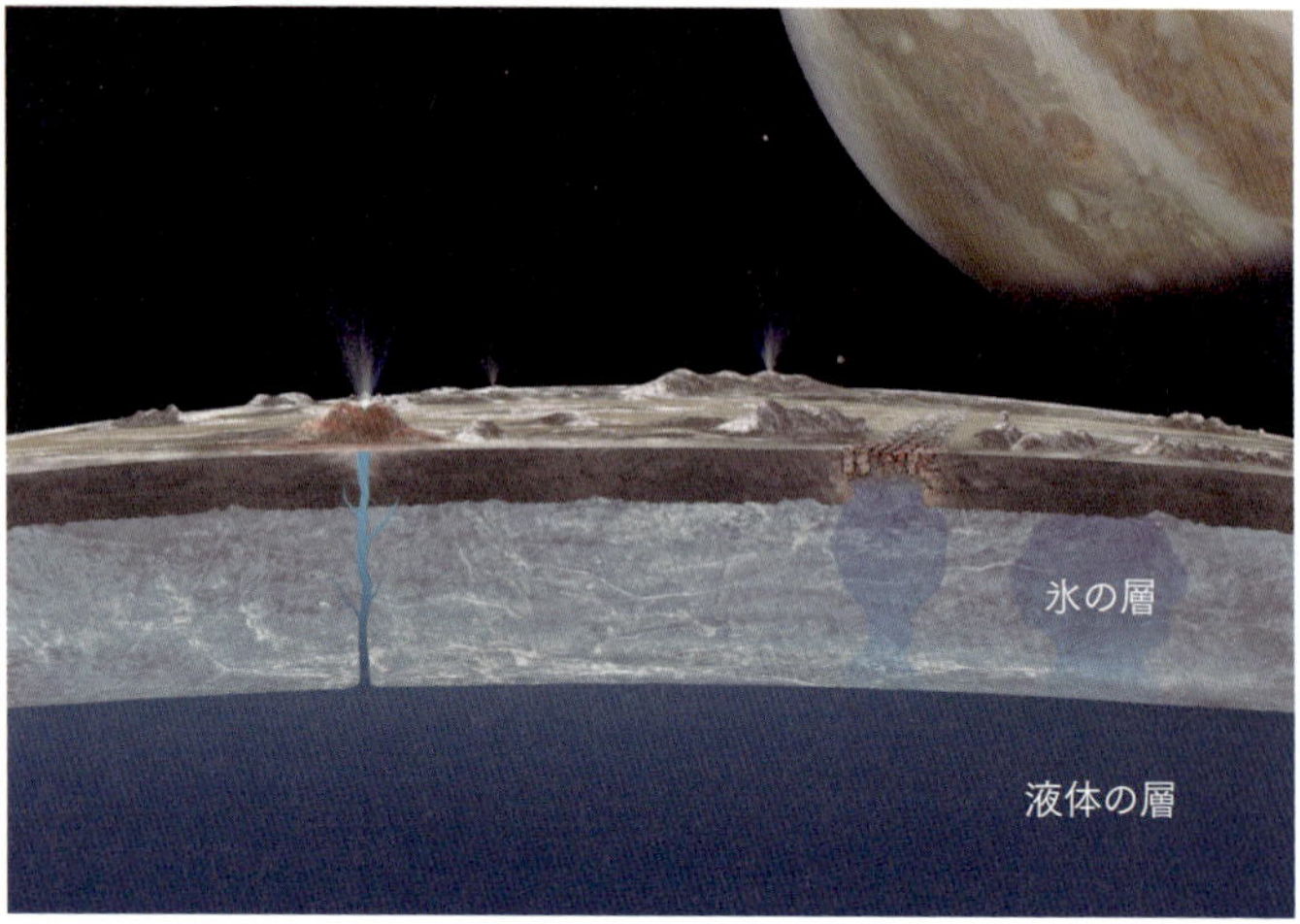

エウロパの内部には海が存在すると考えられている。海から温かい水が上昇し、ジェットを吹きだしたり、表面の氷を溶かしてさまざまな地形をつくったりする。

エウロパには表面の氷が一度溶けて、ふたたび凍った地形や、氷が流れたと考えられる地形が見つかっています。これらはエウロパ表面の氷の層になんらかの活動があることを示しています。氷の層には対流があるようです。また、海から熱が上昇してきて、表面の氷を溶かしている可能性もあります。

エウロパの内部に液体の海が存在できるのは、木星の潮汐力によって、エウロパの内部がもまれ、温められているためです。エウロパの海には塩分も含まれています。また、地球の海底と同じように、熱水鉱床のような場所が存在する可能性があります。地球の生命は熱水鉱床で誕生したとする説が有力です。そうだとすると、エウロパでもなんらかの形態の生命が誕生し、今も生息している可能性があります。エウロパの海を調べるための探査計画はこれまで何度か考えられましたが、実現には至っていません。そのような計画が実現すれば、驚くべき調査結果が得られるかもしれません。

❉ガニメデ

ガニメデは水星よりも大きく、太陽系最大の衛星です。

ガニメデの表面も氷でおおわれていますが、暗い領域と明るい領域にはっきり分かれているのが特徴です。暗い領域には多数のクレーターが存在し、今から40億年も前の、非常に古い時代から変わらない地形が残っています。逆に明るい領域はクレーターが少なく、若い地形であることを示しています。この明るい領域には、細い溝がいくつも並んでいます。こ

ガニメデの表面では暗い領域と明るい領域がはっきり分かれている。

うした溝は表面が引っ張られてできたようです。明るい領域は時には暗い領域に入り込んでいます。非常に古い領域と若い領域に分かれているこのガニメデの二面性が、太陽系の歴史の中でいかにしてできたのか興味がもたれます。

ガニメデの内部にも海が存在しています。その厚みはやはり100キロメートルほどになるようです。

ガリレオ探査機はガニメデに磁場があることを発見しました。このことから、ガニメデの金属のコアは、一部が融けて流動していると考えられます。

❖カリスト

ガリレオ衛星のうち一番外側をまわるカリストは、表面全体が多数のクレーターでおおわれています。したがって非常に古い地形がそのまま残っています。一方、新しい時代の地質活動と考えられる地形はありません。

カリストの表面は全体が暗いことから、表面の氷の層には岩石が多く含まれていることがわかります。衝突の跡が白く明るく輝いていますが、これは、衝突によって岩石を含まない層が顔をみせているからです。カリストで最も目立つ地形はバルハラ・ベイスンとよばれる場所です。た

カリストの表面は大小無数のクレーターにおおわれている。

くさんのリングをもつ衝突跡で、一番外側のリングの直径は１８００キロメートルにもなります。

他のガリレオ衛星の内部が金属のコアとマントルに分化しているのに対し、カリストではそのような分化は起こらず、内部は氷と岩石がまざった状態になっていると考えられています。しかし、そのようなカリストにも、氷の層の下には液体の水の海が存在すると考えられています。

木星
天空を統べる神

太陽系最大の惑星である木星に、天空を支配するオリンポスの最高神ゼウス（ローマ神話ではジュピター）の名がつけられたのは、当然といえます。ゼウスはティタン神族との闘いに勝利し、オリンポス十二神が支配する世界をつくりました。

木星をあらわす惑星記号は、ゼウスの放つ雷の矢であるといわれています。ただし、その他の説もあり、ゼウス（Zeus）の「Z」、あるいは数字の「4」を示すという説もあります。なぜ、木星が「4」なのかというと、それは天動説での惑星の配置にもとづいています。天動説では、宇宙の中心に地球があり、そのまわりを太陽系の天体が同心円を描いてまわっていると考えます。その順番は、地球に近い方から月、水星、金星、太陽、火星、木星、土星となります。したがって、惑星の中で木星は4番目となるのです。

ゼウスは古代から信仰の対象でした。アテネのオリンピアには紀元前5世紀にゼウスの神殿がつくられ、そこに巨大なゼウス像が祀られていたと伝えられています。このゼウス像は坐像ですが、高さは13メートルありました。木製で、表面は象牙と金でおおわれ、乾燥しないように常にオリーブ油が塗られていたといわれます。

オリンピアのゼウス像。太陽系最大の木星は、ギリシアでは「ゼウスの星」と呼ばれていた。（提供：アフロ）

このゼウス像は「世界の七不思議」の1つに数えられています。「世界の七不思議」は、古代地中海世界の名所となる巨大建造物で、ゼウス像のほかには、ギザのピラミッド、アレクサンドリアの灯台、バビロンの空中庭園、ロードス島の巨像、エフェソスのアルテミス神殿、ハリカルナッソスのマウソロス霊廟が選ばれています。このうち現存するものはピラミッドだけです。オリンピアのゼウス像も今はありません。5世紀にコンスタンチノープル（現在のイスタンブール）に運ばれ、その後火災で失われたともいわれています。

都会でも肉眼で見つけられる明るさ。
「太陽系の宝石」の名を持つ、
美しい環を持つ惑星。

土星 *Saturn*

◆天文ファンにも人気の惑星

土星はその美しい環で有名です。この環は天文台の大きな望遠鏡でなくても見ることができます。自分ではじめて買った望遠鏡で土星とその環を見て、感動された方も多いのではないでしょうか。

土星をはじめて望遠鏡で観測したのはガリレオ・ガリレイでした。ガリレオも環を見たのですが、彼はそれが「環」であるとはわからず、土星本体の両側に星があると考えたのでした。

土星の環は小さな氷のかけらが集まってできています。太陽光を反射して明るく見えていますが、その厚さはわずか数十メートルしかありません。そのため、土星の環をちょうど真横から見ることになる時期には、環は見えなくなってしまいます。この「土星の環の消失現象」は、太陽をまわる土星の自転軸が約27度傾いているためにおこります。土星は約30年で太陽を1周しているので、地球からの土星の環の見え方は時期によって変化し、15年に1度、環が見えなくなる角度になります。最近の消失現象は２００９年にありました。現在は見事な環を見ることができる時期に当たっています。

土星は水素とヘリウムガスが主成分で、その密度は約０・７。つまり、水よりも小さい値です。

よく使われるたとえですが、もしも土星をプールに投げ入れたら、土星は浮いてしまうのです。

土星の自転速度は約10・7時間で、木星よりも早く回転しています。そのため、赤道部分は木星よりも膨らんでいます。

◆「環」や衛星を解明した探査

土星にはじめて接近した探査機はパイオニア11号で、１９７９年のことでした。その後、１９８０年にボイジャー１号が、１９８１年にはボイジャー２号が接近し、土星やその環、そして衛星たちの素顔を明らかにしました。

１９９７年に打ち上げられたカッシーニ探査機はＮＡＳＡとＥＳＡ（ヨーロッパ宇宙機関）の共同計画で、２００６年に土星を周回する軌道に入りました。カッシーニ探査機が搭載していたホイヘンス・プローブは、衛星タイタンに投下され、プローブはタイタン表面に着陸することに成功しました。カッシーニはまだ観測を続けています。カッシーニ計画の大きな成果としては、タイタンの表面に関して多くの情報を得たことのほか、衛星エンケラドスに間欠泉を発見したことがあげられます。

◆大きいけれど〝軽い〟天体

土星の内部構造は木星によく似ています。中心には岩石と氷のコアがあります。その上に金属水素の層、さらに液体の水素の層があり、その外側に水素とヘリウムからなる大気の層があります。

土星表面の色はうすいベージュです。木星と同じように縞模様がありますが、その模様は木星ほどはっきりしていません。土星の雲の最上部はアンモニアの氷の粒からなっています。その下には硫化水素アンモニウムや水の氷からなる雲の層があります。

土星の表面は静かそうに見えますが、土星の大気にも大きな白斑が出現したり、巨大な嵐が出現したりしています。東西方向のはげしい流れがあり、秒速500メートルという驚くべきスピードの風が吹

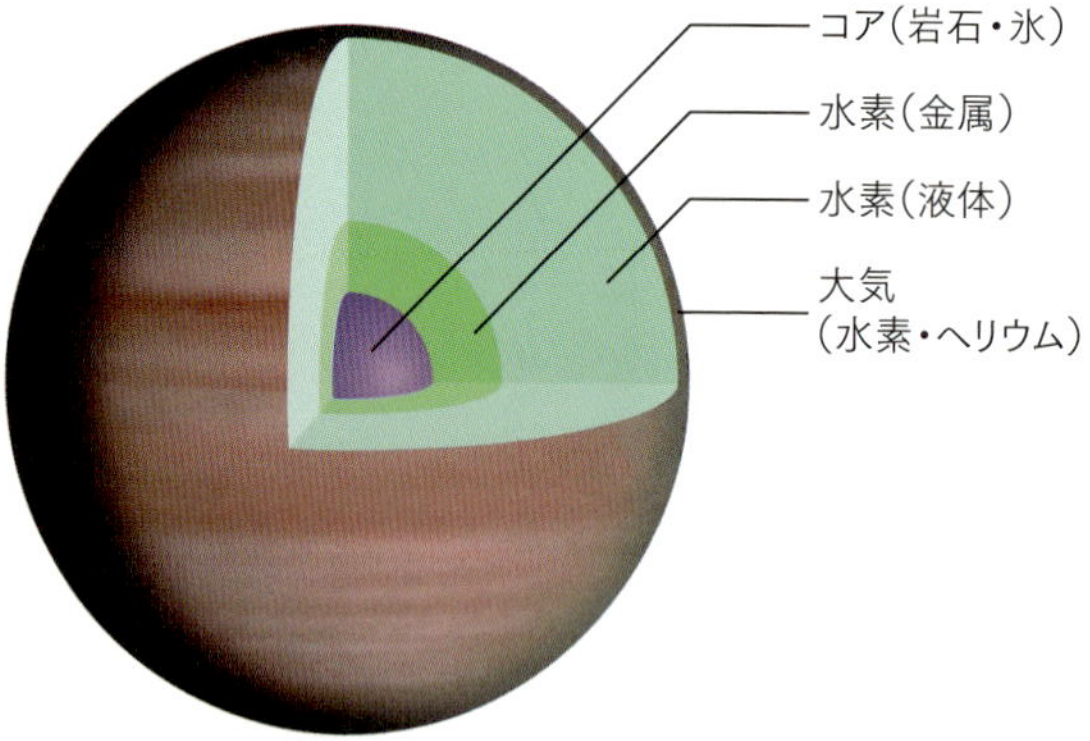

土星の内部構造(イラスト：矢田 明)

衛星タイタンはオレンジ色のかすみにおおわれ、表面を見ることはできない。

いています。また、北極域では六角形をした奇妙な渦が発見されています。この渦の成因についてはいろいろな説がだされています。南極域の渦にはこのような六角形のパターンはありません。

木星と同じように内部の金属水素の層が、土星の磁場をつくっています。土星の磁場は木星ほど強くありませんが、やはりハッブル宇宙望遠鏡でオーロラが観測されています（本章扉写真、提供：ＳＴＳｃＩ）。衛星タイタンからの電気を帯びた微粒子が土星の磁気圏に入ってきて、オーロラをつくっているようです。

◆神秘的な8層の環

土星の最大の特徴はその環にあるといっていいでしょう。土星の他に、木星や天王星、海王星

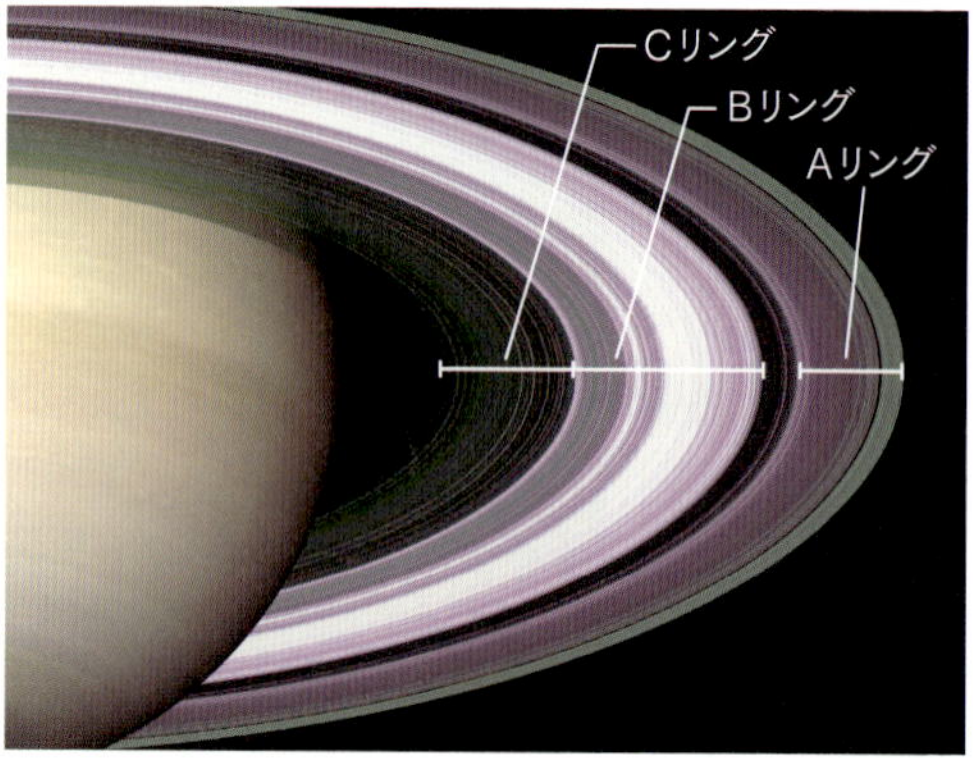

間近から見た土星の環。一番明るい部分がBリング。その外側がAリングで、その間にカッシーニの間隙がある。Bリングの内側がCリング。輪の微細な構造がよくわかる。

も環をもっていますが、土星の環ほど立派な環は他にはありません。

土星の環の構造は複雑で、現在ではAリングからFリングまでが見つかっています。地上からも望遠鏡でよく見えるのはAリングとBリングで、その間には有名なカッシーニの間隙があります。土星の環は主に氷の粒でできており、AリングやBリングの氷の粒の直径は1センチメートル～10メートルくらいです。Bリングの内側に薄いCリングがあります。ボイジャーは、これらの環が、CDやDVDのディスクの溝のように、無数の細い環の集まりであることを発見しました。

ボイジャーはCリングの内側にあるDリングを確認しました。Dリングは土星の表面近くにまで広がっています。Aリングの外側には、よれたひものような形状のFリングが発見されました。Fリングのすぐ内側にはプロメテウスという衛星が、すぐ外側にはパンドラという衛星がまわっています。Ｆリングはこの２つの衛星によって形状が保たれています。そのため、これら２つの衛星は羊飼い衛星ともよばれます。

Ｆリングの外側にはＧリングがあり、さらにその外側にはＥリングがあります。ＧリングもＥリングも非常にかすかな環で、ミクロンサイズの微小な氷の粒でできています。Ｅリングは土星表面から約１２０万キロメートルもはなれた衛星タイタンの軌道のあたりまで広がっています。

土星の環はどうしてできたのでしょうか。ＡリングからＣリングまでのいわばメインのリングは、かつて土星を回っていた氷衛星、あるいは土星に接近した彗星がロシュの限界内に入り、細かく砕けて形成されたと考えられます。ロシュの限界とは、小さな天体が主星に近づける限界のことで、これを超えて主星に近づいた天体は、主星の重力によって破壊されてしまいます。それ以外のリングの成因はよくわかっていません。ただし、後に述べるように、Ｅリングは衛星エンケラドスから放出される微粒子でつくられているようです。

◆土星の衛星

現在土星には合計62個の衛星が発見され、そのうち53個に名前がついています。このうちミマス、エンケラドス、ディオーネ、リア、タイタン、イアペトスは、公転面と土星の赤道面が一致するため、土星と一緒に誕生したと考えられます。それ以外の小さな衛星は、土星の重力に引きよせられたのでしょう。

ミマスには直径の3分の1に達するハーシェル・クレーターがあり、SFファンの間では映画『スター・ウォーズ』に登場する宇宙要塞「デス・スター」に似ているとして有名です。

衛星ミマス。中央丘をもつ大きなクレーターはハーシェルと名付けられている。

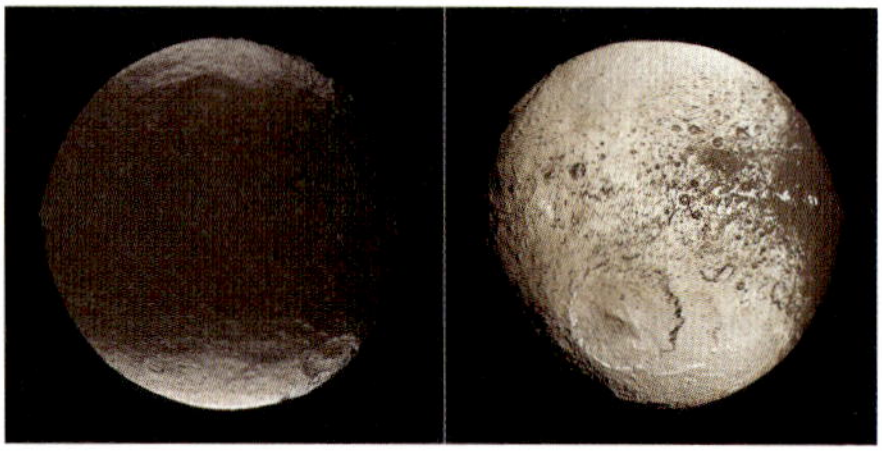

衛星イアペトス。その表面は明るい面と暗い面に二分されている。

イアペトスはその表面は明るい領域と、褐色の物質でおおわれた暗い領域に二分されています。イアペトスはいつも同じ面を土星にむけており、イアペトスの進行方向が暗い面になっています。この衛星の二面性の原因はまだわかっていません。

タイタン

タイタンは太陽系で2番目に大きい衛星で、大気をもった唯一の衛星です。タイタンの大気の主成分は窒素で、高度300〜500キロメートルのあたりにオレンジ色のかすみの層があるため、タイタンの表面を見ることはできません。しかし、大気中には複雑な有機物が合成されている可能性があり、ずっと以前からタイタンには何らかの生命体が存在するのではないかと考えられてきました。また、タイタンにはメタンの雨が降り、表面にはメタンの海が存在するとも考えられていました。

カッシーニによるフライバイ（接近）観測や、タイタン大気に突入し

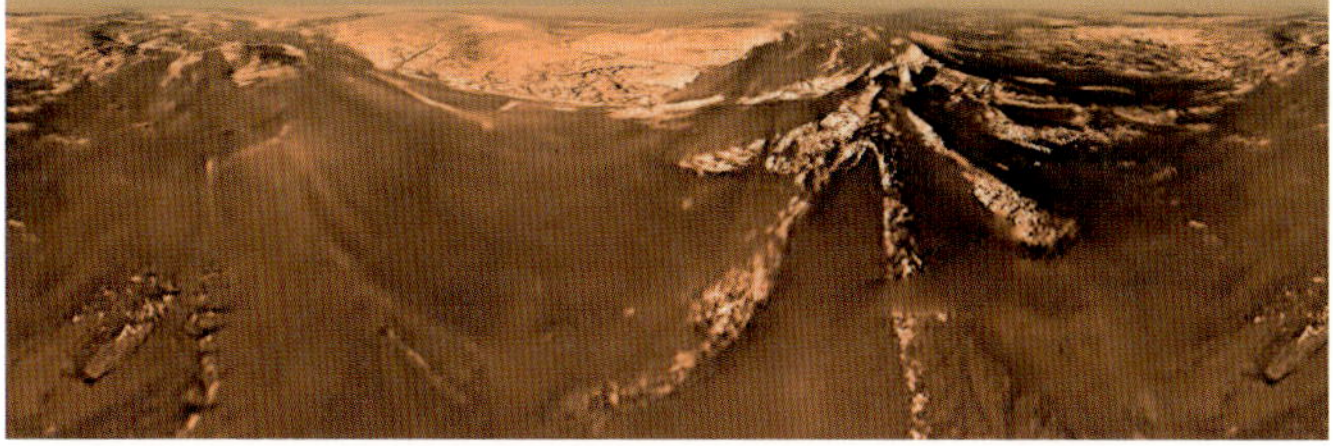

ホイヘンス・プローブが降下途中に空中から撮影したタイタンの表面。

たホイヘンス・プローブによって、タイタンについていろいろなことがわかってきました。

ホイヘンス・プローブはかすみの層を抜けたあたりから、タイタン表面の様子を連続撮影しました。それによると、タイタンの表面には山地のような起伏のある地形やなめらかな平原がありました。山地には川が流れたような跡も見られました。ホイヘンスは山地から少し離れた平らな場所に着陸し、表面の風景も地球に送ってきました。かすみの層のせいで、タイタン表面の風景はオレンジ色です。平坦な表面には水の氷でできた小石がころがっていました。表面の気圧は約1・5気圧、表面温度はマイナス170℃でした。この温度ではもちろん水は凍ってしまいます。

ホイヘンス・プローブが撮影したタイタンの表面

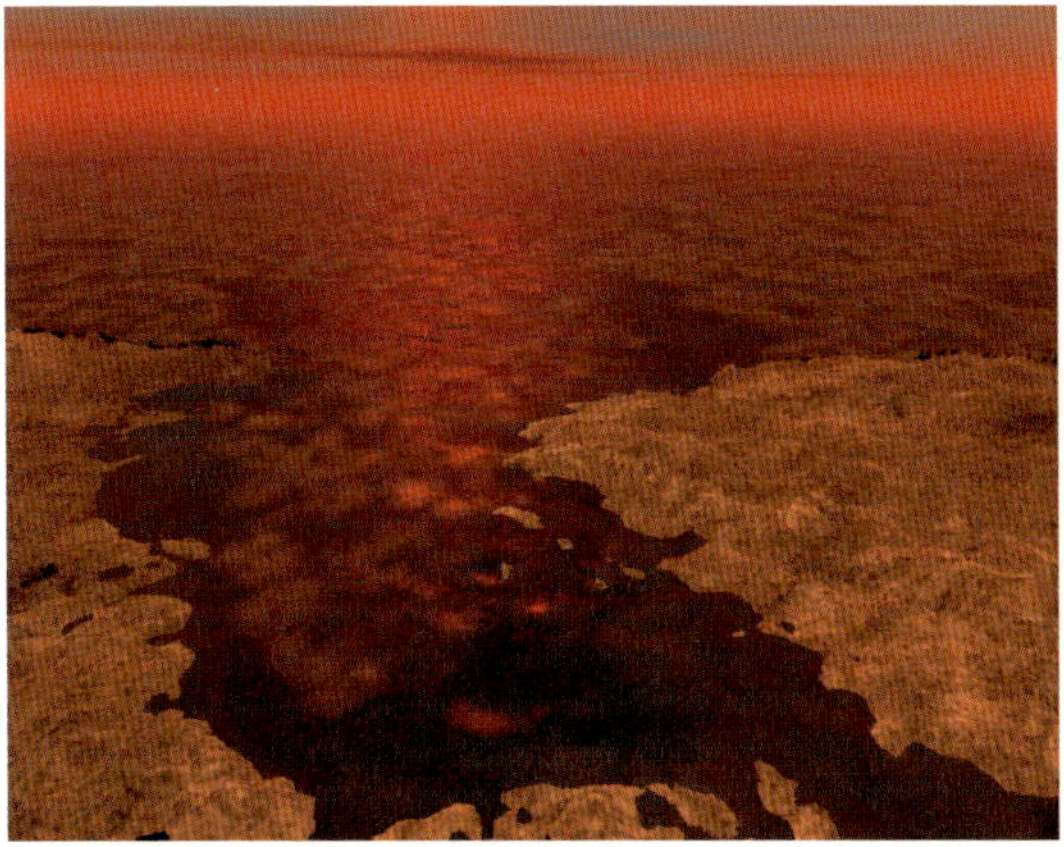

タイタンにあるメタンの湖の想像図

しかし、融点がさらに低いメタンは液体で存在できる環境です。タイタンでは地球の水の役割をメタンが果たしており、大気と表面の間でメタンが循環していると考えられます。

カッシーニは近赤外線の領域でタイタンの表面を観測し、全体の地形も明らかにしてきました。タイタンには赤道域に2つの大きな高地、すなわち大陸のような地形があるようです。観測の初期に暗い地形の広がりとして発見され、シャングリラと名付けられた領域はその1つです。ただし、タイタンの表面は比較的フラットで、高地とはいえ、高さは数百メートル程度です。ホイヘンス・プローブは、この領域のすぐ西に着陸しました。シャングリラの東には、赤外線で見ると明るい平地が広がっており、ザナドゥと名付けられています。

タイタンには液体の状態で全球に分布させると深さ5メートルになる量のメタンが存在しますが、ほとんどは大気に含まれています。しかしレーダー観測によって、液体のメタンの湖が発見されています。メタンの湖は主に北極域や南極域で多く発見されていますが、赤道域にも存在しています。

タイタンは低温だったため、内部が完全に分化することはなかったとみられます。表面の氷の層の下には液体の海が存在する可能性があります。海の下にも氷の層があり、さらにその下は氷と岩石が未分化のままミックスされた状態になっています。

❖エンケラドス

カッシーニは、衛星エンケラドスの南極付近から水蒸気や氷が噴き出しているのを発見しました。エンケラドスの内部には塩分を含む液体の水の海が存在します。この海の層は表面近く

衛星エンケラドスの南極付近から噴出する水と氷の微粒子

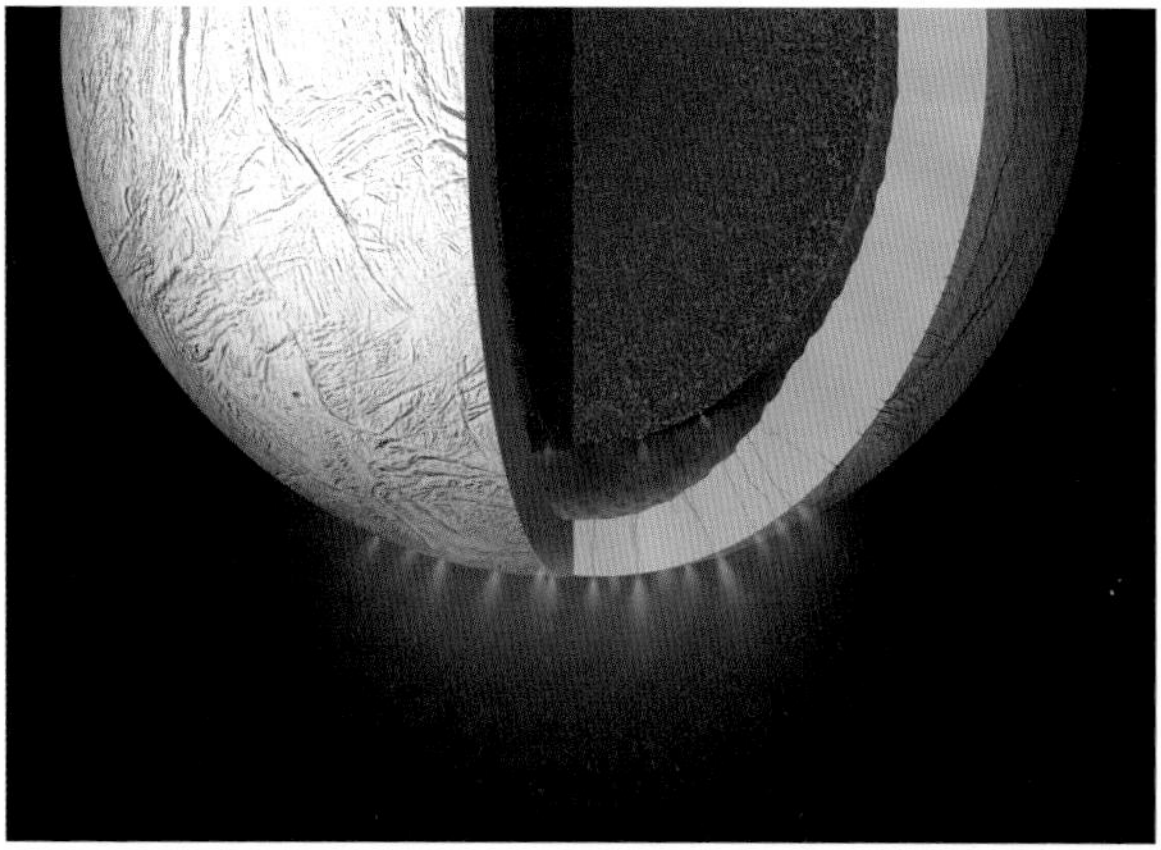

エンケラドスの氷の表面の下には海があり、そこから上昇した水が宇宙空間に噴き出していく。（想像図）

の非常に浅いところに存在するため、上層の氷が温められ、対流を起こしています。その結果、氷の層に亀裂が生じ、氷の粒子や水蒸気が間欠泉のように噴き出してくるようです。間欠泉の噴き出し口は１００個以上見つかっています。エンケラドスの海の底には熱水鉱床のような場所があるかもしれません。

エンケラドスの軌道は土星の輪の１つであるＥリングの中にあります。エンケラドスからの放出物によって、Ｅリングはつくられているようです。

エンケラドスの海は南極域だけに存在するのか、それとも全球に及んでいるのか議論がありましたが、最近、全球にわたって海が存在することが明らかになっています。

タイタンよりもエンケラドスの方が生命の存在する可能性は高いと考える研究者もいます。

土星
メランコリーの源流

土星の英語名Saturnはローマ神話のサトゥルヌスで、農耕の神です。ギリシア神話のクロノスと同一視されています。クロノスはゼウスの父親であり、ゼウスが戦ったティタン神族の長でした。

土星の惑星記号は数字の5をベースにして、農耕神のシンボルである鎌の形がデザインされているとされます。数字の「5」は、土星が天動説で5番目の惑星であるところからきています。サトゥルヌスはよく老人の姿で表現されました。当時土星は最も遠くにある惑星であると考えられ、運行のスピードが遅いことから、老人に結びつけられたようです。

古代ローマではサトゥルヌスは人間に農耕を教えた神として信仰され、12月17日から1週間、サトゥルヌスのための祭りが行われていました。冬至の頃、すなわち弱まっていた太陽が復活する時期です。サトゥルヌス祭の期間中は無礼講が行われ、主人と奴隷の立場を逆転させることも行われたといわれます。また、常緑樹を飾ることも行われ、開催された時期などからも、この祭りがクリスマスの起源に関係があるという考えもあります。

ドイツの画家アルブレヒト・デューラーの作品に『メランコリアⅠ』という銅版画があります。ドイツの美術史家エルヴィン・パノフスキーは『土星とメランコリー』という本の中で、魔方陣や砂時計、不気味な形が浮き出た石など不思議なものが多数描かれたこの作品は、土星と関係していると述べています。

アルブレヒト・デューラー『メランコリア Ⅰ』(提供:アフロ)

古代ギリシアには、人間の体液には血液、粘液、黄胆汁、黒胆汁の4種類があるという「四体液説」がありました。この考えはその後、占星術と結びつき、土星は黒胆汁と関係づけられました。土星の人間の性質は冬や老年、乾燥などと結びつき、さらに憂鬱質であると考えられました。ルネサンス期のイタリアでは占星術や神秘思想、魔法などが流行し、デューラーはイタリアに旅行した際に、こうした考えに触れたようです。

憂鬱の只中にいる翼をもつ女性は、土星に支配されたデューラー自身なのかもしれません。デューラーは芸術家にとって憂鬱質は肯定的な意味をもつ気質と考えていたのではないでしょうか。

ルネサンス以降、神秘思想家らの著書によって、メランコリア（憂鬱）は土星の影響下にあるという考えが広がりました。

天空の神・ウラノスの名を冠した青緑の惑星。
太陽から遠いため、熱源が少なく、
その活動は静かである。

天王星 *Uranus*

古代の人々は天王星の存在を知りませんでした。天王星を発見したのはイギリスの天文学者ウィリアム・ハーシェルで、１７８１年のことでした。ハーシェルは最初、自分が発見した天体を彗星だと思っていましたが、その後観測された軌道から、土星の軌道のはるか遠くをまわる惑星であることが明らかになったのです。

天王星を訪れた探査機はボイジャー2号のみで、１９８６年のことでした。私たちがもっている天王星に関する知識のほとんどは、ボイジャー2号による探査結果と、その後ハッブル宇宙望遠鏡や地上の大型望遠鏡で行われた観測によるものです。

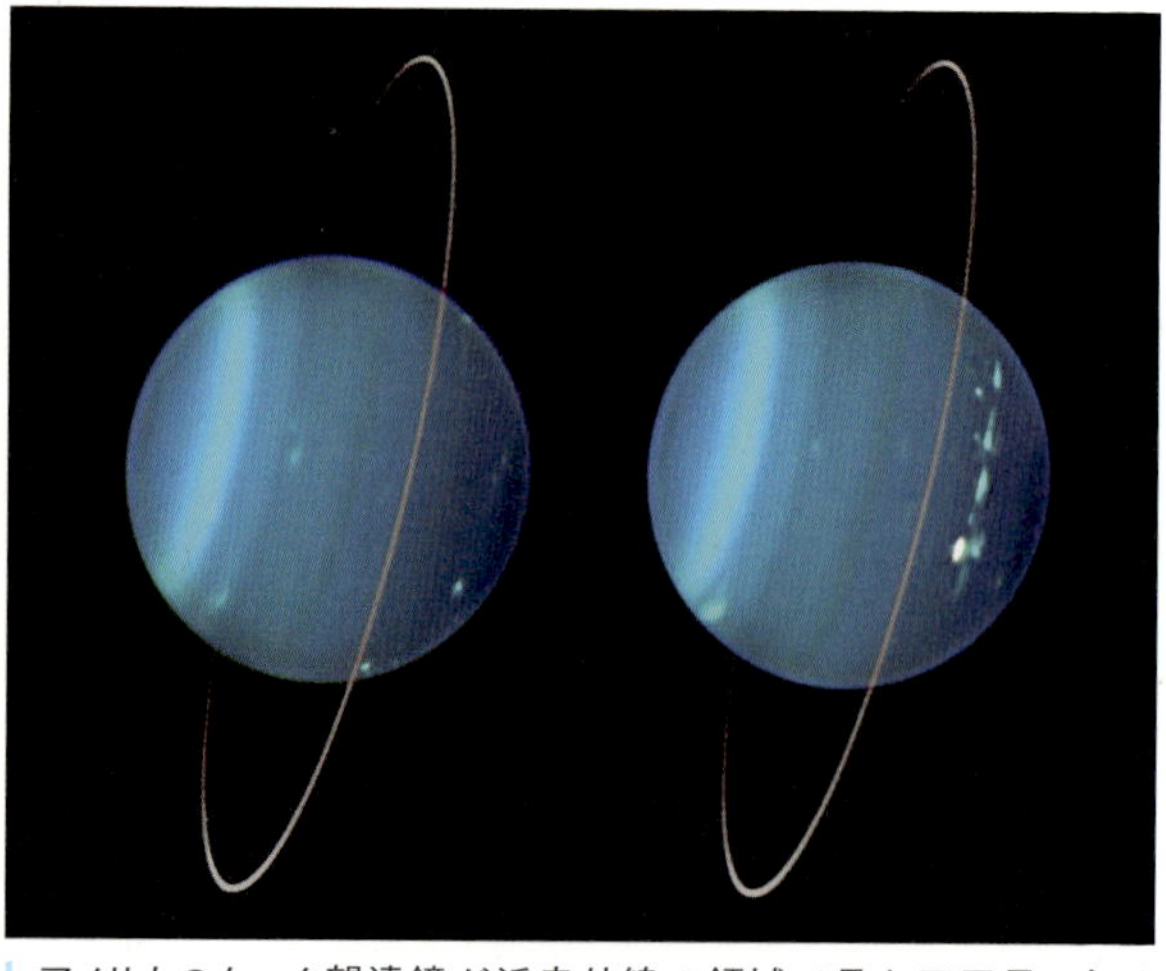

アメリカのケック望遠鏡が近赤外線の領域で見た天王星。左は2004年7月11日、右は同年7月12日に撮影された。天王星の大気の動きがわかる。（提供：W.M.Keck Observatory）

◆横倒しのまま自転

天王星は氷惑星です。中心には岩石と氷のコアがあり、そのまわりに厚い氷の層があります。その上に水素とヘリウムの大気があります。

天王星は淡い青色をしています。これは大気に含まれているメタンが赤い光を吸収してしまうためです。表面にはほとんど模様が見られませんが、実際には木星や土星と同じように、赤道と平行に強い風が吹いています。

天王星の自転軸は、太陽をまわる公転面に対して98度も傾いています。天王星の環や衛星も、この「横倒し」になった天王星の自転軸のまわりをまわっています。

天王星だけでなく、環や衛星も一緒に横倒しになった原因は何なのでしょうか。1つの

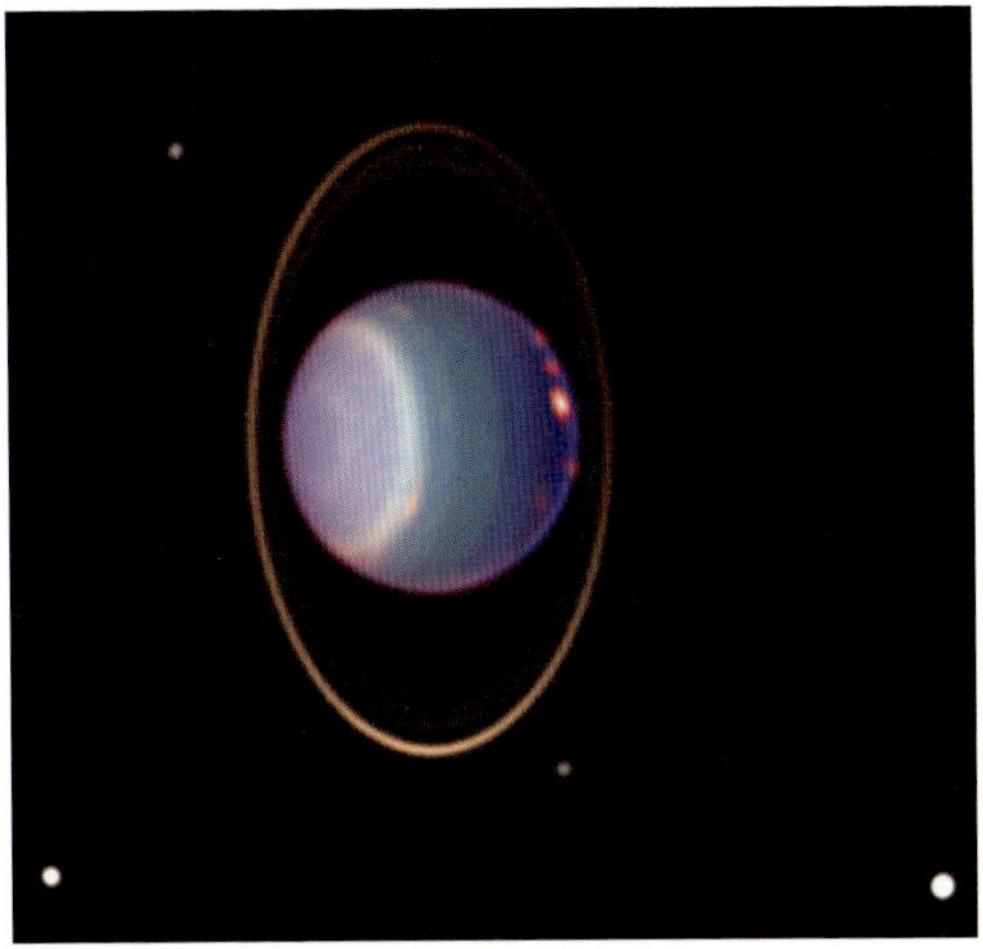

ハッブル宇宙望遠鏡が近赤外線の領域で見た天王星。天王星をまわる衛星やかすかな環の構造が見えている。（提供：STScI）

考えは、天王星ができたばかりの頃、地球の数倍の天体が衝突したというものです。衝突した角度が天王星の中心を外れていたため、天王星は横倒しとなり、このとき生じたちりの円盤から環と衛星が生まれたのです。一方、衝突が数回あったという説も出されています。この説では、衝突の前にすでに衛星は生まれていたと考えます。コンピューター・シミュレーションの結果、1回の衝突だけでは衛星の軌道は乱れてしまいました。しかし、斜めの衝突が数回起こったとすると、天王星は横倒しとなり、衛星が今の軌道に変化することは可能とのことです。

天王星には弱い磁場が存在します。ただし、磁気の軸は天王星の中心を外れている上、その方向も自転軸と大きくずれています。この原因はわか

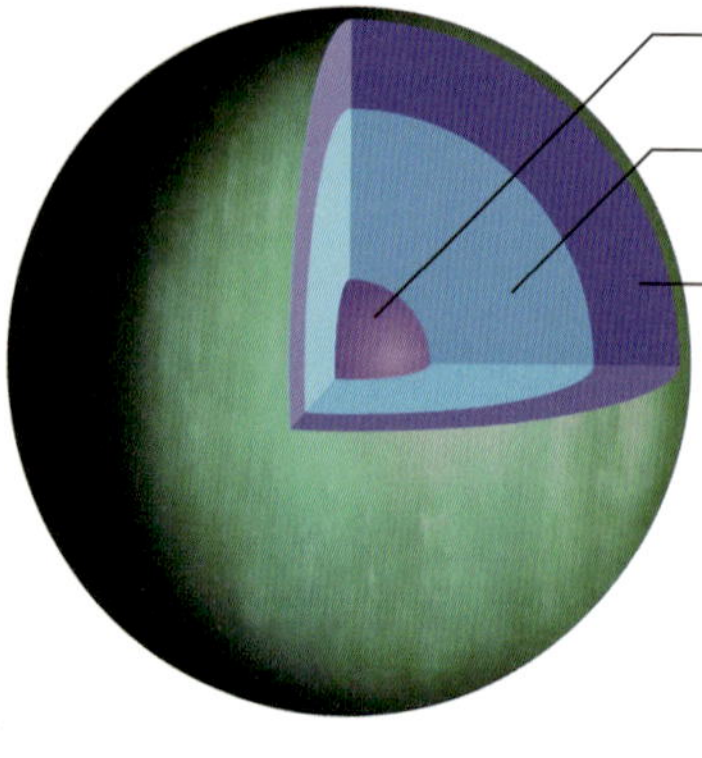

天王星の内部構造（イラスト：矢田 明）

っていませんが、天王星の氷の層の中で不規則に生じる電流によるものかもしれません。

◆13本の「環」

天王星は暗く、目立たない環をもっています。環が暗いのは氷が少なく岩石に富む材料によってつくられたためと考えられています。現在、13本の環が確認されています。

天王星には27個の衛星が発見されています。このうち、サイズが大きなものは、アリエル、ウンブリエル、ティタニア、オベロン、ミランダです。

ミランダには地溝帯などはげしい地質活動を示す地形があります。このような地質活動の熱源は、天王星の潮汐力によると考えられています。アリエルにも断層などがみられ、やはり天王星の潮汐力によって地質活動が起こったとみられます。

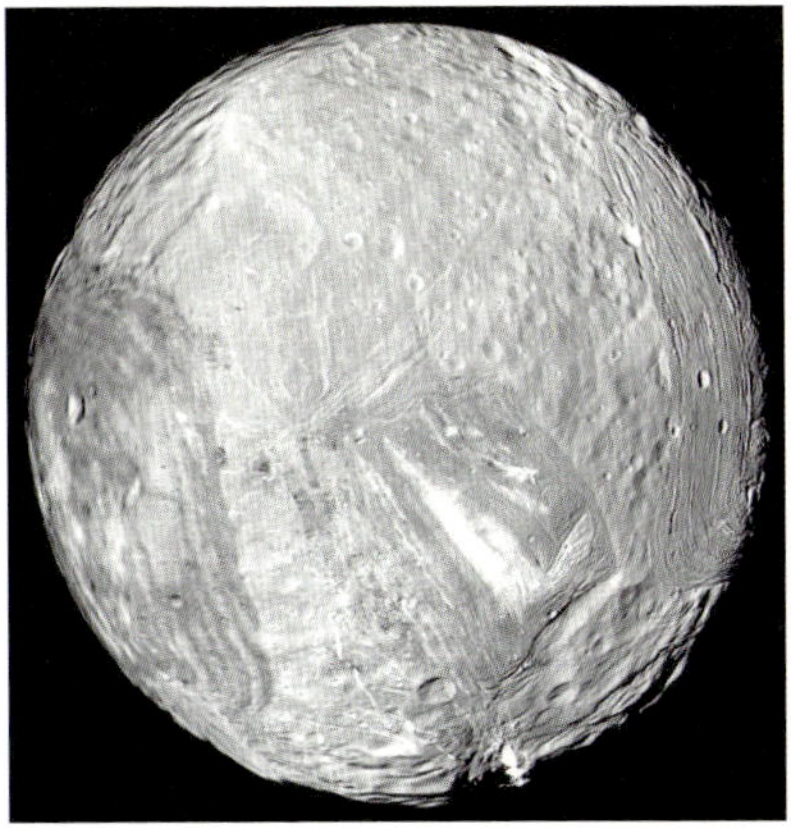

衛星ミランダの表面。衛星全体にわたってはげしい地質活動が起こった跡が残っている。

天王星
シェイクスピアの衛星

天王星の英語名Uranusはギリシア神話のウラノスからきています。ウラノスはギリシア神話のはじまりに登場する、天空をおさめた神です。

天王星を発見したハーシェルは、最初この惑星に当時のイギリス国王ジョージ3世にちなみ「ジョージの星」、後には「ジョージの惑星」と名付けましたが、イギリス以外では広まりませんでした。一方、ドイツの天文学者で、「ボーデの法則」で有名なヨハン・ボーデは、惑星の名前にはギリシア神話に登場する神々の名前が付けられた歴史を踏まえ、「ウラノス」を提唱しました。結局、ハーシェルの発見から70年後に、新惑星の名をウラノスにすることが国際的に認められました。天王星の惑星記号は、発見者であるハーシェルの「H」と地球儀を組み合わせたものです。

惑星をまわる衛星にも神話にちなむ名前がつけられることが多いのですが、天王星の衛星の多くには、ウィリアム・シェイクスピアの作品に登場する人物や妖精の名前がつけられています。『リア王』のコーデリア、『ロミオとジュリエット』のジュリエット、『ハムレット』のオフィーリア、『オセロ』のデズデモーナ、ビアンカ、『テンペスト』のエアリエル、ミランダ、『真

ジョゼフ・ノエル・ペイトン『オベロンとティタニアの仲直り』（提供：アフロ）

夏の夜の夢』のオベロン、ティタニア、パックなどです。

『真夏の夜の夢』では、妖精の王オベロンと女王ティタニアは喧嘩をしますが、最後には仲直りをします。スコットランドの画家ジョゼフ・ノエル・ペイトンはケルト神話やスコットランドの伝承に深い関心を寄せていました。彼の作品は細部まで描かれているのが特徴で、華麗な色彩の『オベロンとティタニアの諍《いさか》い』や『オベロンとティタニアの仲直り』は彼の代表作としてよく知られています。ペイトンはラファエル前派の画家たちと同時代の人で、『オフィーリア』で知られる画家ジョン・エヴァレット・ミレーとも知り合いでした。

天王星のいくつかの衛星には、イギリスの詩人であるアレクサンダー・ポープの作品に登場する人物の名前も付けられています。

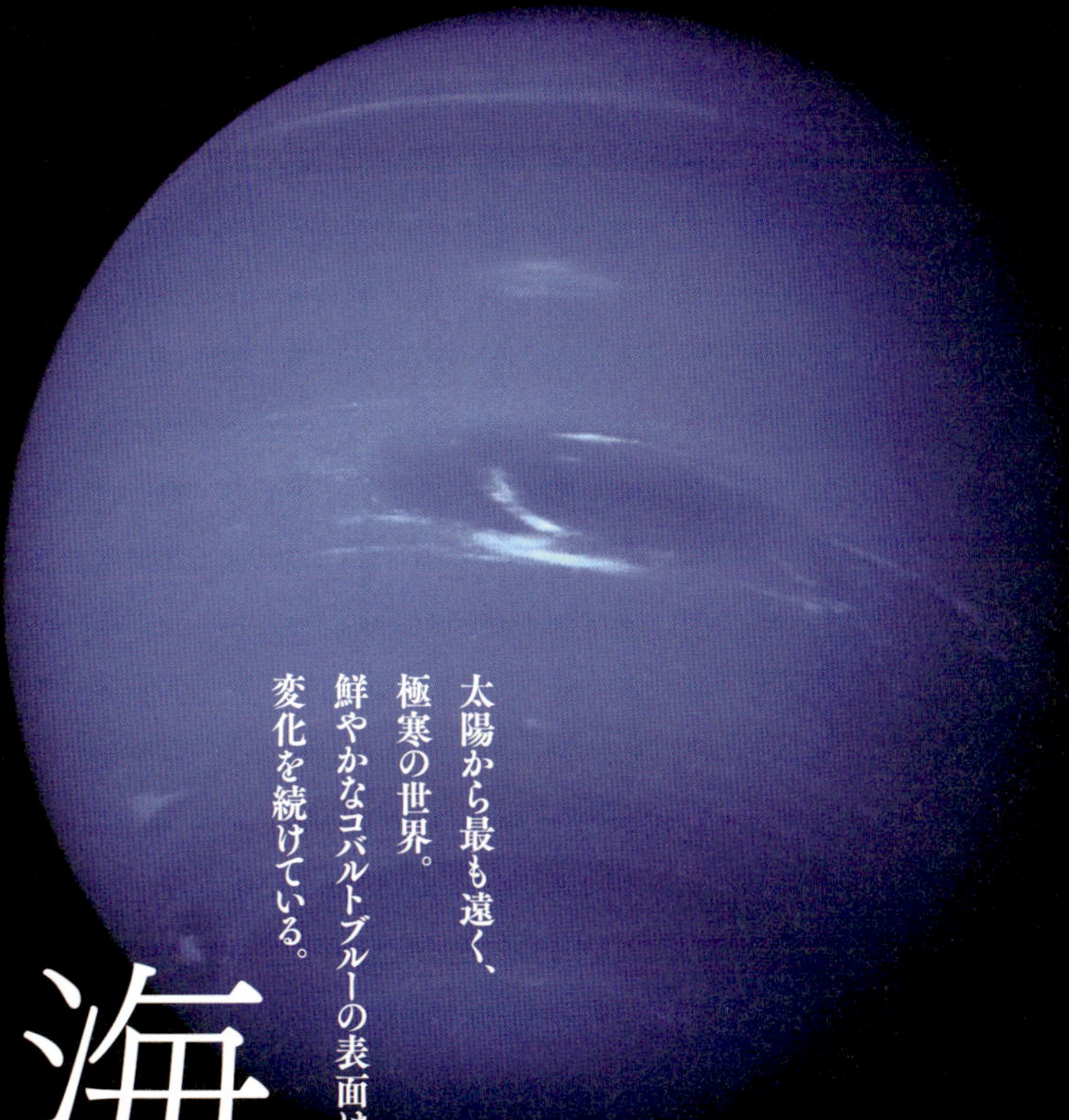

海王星 *Neptune*

太陽から最も遠く、
極寒の世界。
鮮やかなコバルトブルーの表面は、
変化を続けている。

海王星は8個の惑星のうち、一番外側をまわる惑星です。ここまでくると、太陽からの距離は約45億キロメートルもあります。太陽と地球との距離の30倍です。

海王星はまずその存在が予言され、その後、予測された位置に発見された惑星です。１７８１年に発見された天王星を詳しく観測していると、その軌道がわずかに乱されているのがわかりました。これを摂動《せつどう》といいます。この摂動を説明するために、天王星の外側に未知の惑星が存在すると考えられ、フランスの天文学者ユルバン・ルヴェリエはその軌道を計算して、位置を予測しました。この予測にもとづき、ベルリン天文台のヨハン・ゴットフリート・ガレは海王星の探索を行い、最初の夜に海王星を発見したのです。また17日後には、イギリスのウィリアム・ラッセルによって衛星トリトンも発見されました。１８４６年のことでした。

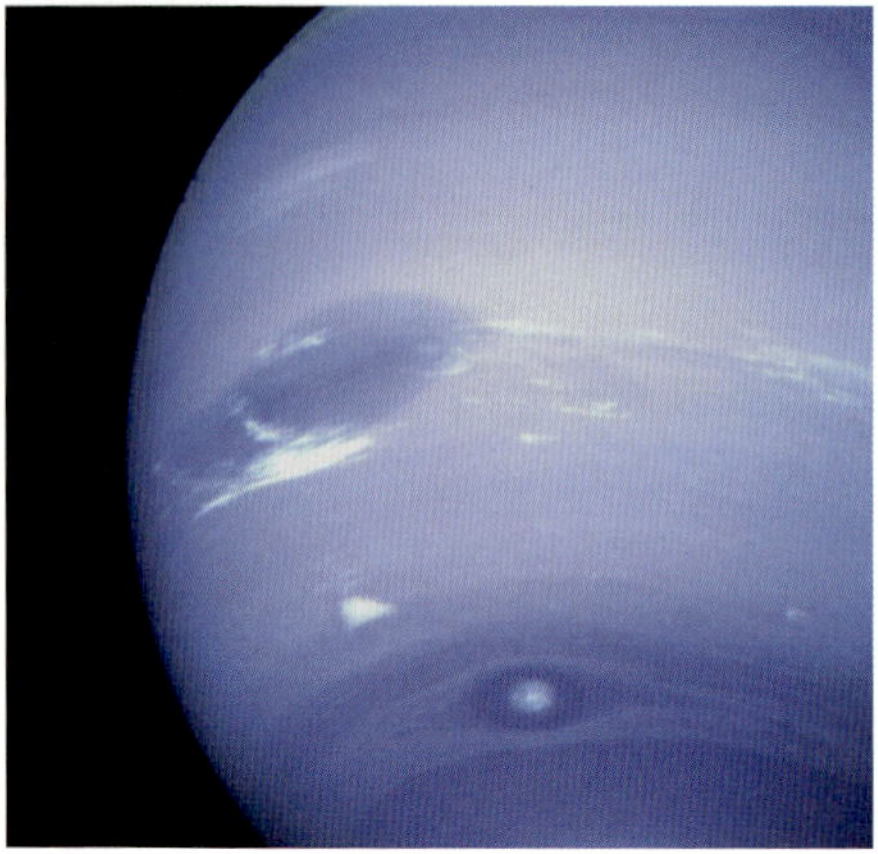

間近から見た海王星。深い青色をしており、巨大な暗斑や白い雲、赤道に平行な大気の流れが見えている。

海王星を訪れた探査機はボイジャー2号のみ

で、1989年のことでした。天王星と同じく、私たちの海王星に関する知識のほとんどは、ボイジャー2号とその後のハッブル宇宙望遠鏡、さらには地上のいくつかの大型望遠鏡の観測結果によるものです。

◆磁場の存在とダイナミックな変化

海王星は天王星によく似た惑星です。直径は約5万キロメートルで天王星より少し小さいのですが、質量は海王星の方が天王星を少し上まわっています。

海王星の中心部には、岩石と氷からなるコアがあり、そのまわりに厚い氷の層があります。大気の主成分は水素とヘリウムで、さらにメタンが含まれています。海王星は天王星より深い青色をしています。大気中のメタンが赤い光を吸収してしまうためです。

海王星でも、赤道と平行に強い風が吹いています。そのスピードは最高で秒速600メートル近くに達す

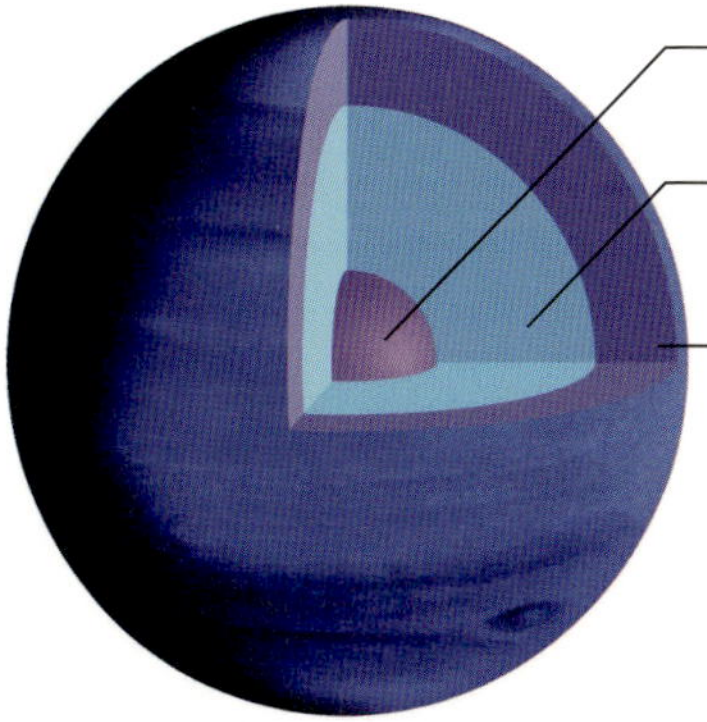

海王星の内部構造(イラスト:矢田 明)

海王星の接近を終えたボイジャー2号が、海王星を振り返って撮影した写真。海王星の縁が見えている。

ることがわかりました。これは太陽系で最も速い風です。大規模な嵐や渦、白い雲なども発見されました。海王星の白い雲は大気下層から上昇してきた凍ったメタンと考えられています。

ボイジャー2号は南半球に大暗斑を発見しました（本章扉写真）。木星の大赤斑の半分もの大きさをもつ巨大な渦で、秒速300メートルで西方向に動いていました。反時計まわりに回転していることから、木星の大赤斑と同じように高気圧の渦と考えられました。大暗斑の周囲には白い雲が見られました。この大暗斑は1994年にハッブル宇宙望遠鏡が観測したときには消失していました。しかし、ハッブル宇宙望遠鏡は別の暗斑を北半球に発見しており、海王星の表面がダイナミックに変化していることが明らかになっています。

海王星の磁場は複雑で、磁気の軸が自転軸に対して58度も傾いています。海王星内部の氷の層の一部が電気を通す流動体になっており、こうした磁場をつくりだしているとみられます。

◆環と衛星

地上からの観測で発見されていた海王星の衛星はトリトンとネレイドだけでしたが、ボイジャーの観測などによって11個の衛星が発見されました。最近、さらに新しい衛星が確認され、海王星の衛星は合計で14個となりました。この新たな衛星は海王星の環の観測を行っている際に見つかったものです。ハッブル宇宙望遠鏡の過去のデータを調べ直したところ、ハッブルはすでに何度もこの衛星を観測していたことがわかりました。

海王星も天王星の環と同じような黒っぽい物質でできた環をもっています。現在6本の環が確認されています。環の存在は地上からの観測でわかっていましたが、何本かの環は途中で切れ、「弧」のように見えていました。この問題はボイジャー2号によって解決されました。これらの環には粒子が濃集した場所があり、それが弧状に見えていたのです。

❈トリトン

トリトンは海王星最大の衛星です。トリトンは海王星の自転方向とは逆向きに海王星をまわっています。トリトンのこの「逆行」に加え、木星や土星の氷衛星より岩石分が多く、冥王星に似ていることなどから、トリトンは太陽系の外縁部で生まれた天体が海王星の重力に捕獲されたものと考えられています。

トリトンの表面はマイナス236℃にもなり、太陽系で最も寒い場所です。表面は窒素やメタンの氷でできています。トリトンにはクレーターがほとんど見つかりません。つまり、トリトンの表面は非常に新しいことがわかります。小天体が衝突しても、流動する窒素やメタンの氷が、その跡をすぐに埋めてしまうのです。

衛星トリトンの表面。黒い帯状の模様は氷の火山からの「噴煙」。マスクメロンのような模様がどうしてできたかはわかっていない。

ボイジャーはトリトンに氷の火山を発見しました。内部からの噴出物とみられる暗い物質が帯状になっているのがいくつもみつかったのです。これは氷の火山の噴煙といえるもので、内部から液体窒素が上昇してきて、割れ目から噴きだしているのです。液体窒素と同時にメタンも噴き

だし、それが宇宙放射線を浴びて黒くなり、風にたなびいて長さ数十キロメートルの黒い帯をつくっていました。トリトンでこのような活動が起こる熱源としては、海王星による潮汐力が考えられます。また、ボイジャーが氷の火山を発見した領域は、太陽の方向を向いた「夏」の領域でした。このことから、太陽光エネルギーもこうした活動に関係していると考えられます。

　トリトンの表面にはピンク色をした領域があります。これはメタンの光化学反応によって生じた物質の色と考えられています。また、窒素が凍ってできた霜が淡い青緑色にみえています。マスクメロンの表面に似た地形も見つかっていますが、これがどうしてできたかはわかっていません。

　トリトンは少しずつ海王星に近づいています。今から1億年後には海王星の巨大な重力によって、トリトンはこなごなに破壊されて、海王星のまわりには新しい環がつくられるでしょう。

トリトンの表面と海王星の合成写真。トリトンの表面はいつも新しく、小天体の衝突跡ができても、流動的な氷によってすぐに埋められてしまう。

海王星
海に沈んだ神殿

海王星にネプチューンと名付けることを提案したのは、発見者で天文学者のルヴェリエでした。天王星の例にならい、ギリシア・ローマ神話の神の中でまだ使われていない名前を選んだのです。

ローマ神話のネプチューンはギリシア神話ではポセイドンです。海を司るポセイドンはオリンポス十二神の一柱ですが、最高神ゼウスとならぶ力をもった特別の存在でした。ポセイドンの武器は三叉の矛で、いつもこれをもった姿で表現されました。海王星の惑星記号もこの三叉の矛をデザインしたものです。

黒髪の美女メデューサはポセイドンの愛人でしたが、女神アテナの怒りに触れ、恐ろしい姿に変えられてしまいました。髪は毒蛇となり、メデューサを見る者は石に変わってしまいます。メデューサの首は勇士ペルセウスに切り落とされ、その時流れた血から天馬ペガススが生まれました。ペガススはメデューサとポセイドンの間の子供とされます。

エチオピアの王妃カシオペアは自分の娘アンドロメダの美貌を自慢したため、ポセイドンの怒りに触れ、アンドロメダはポセイドンが送った怪物の生贄とされます。しかし、ペガススに

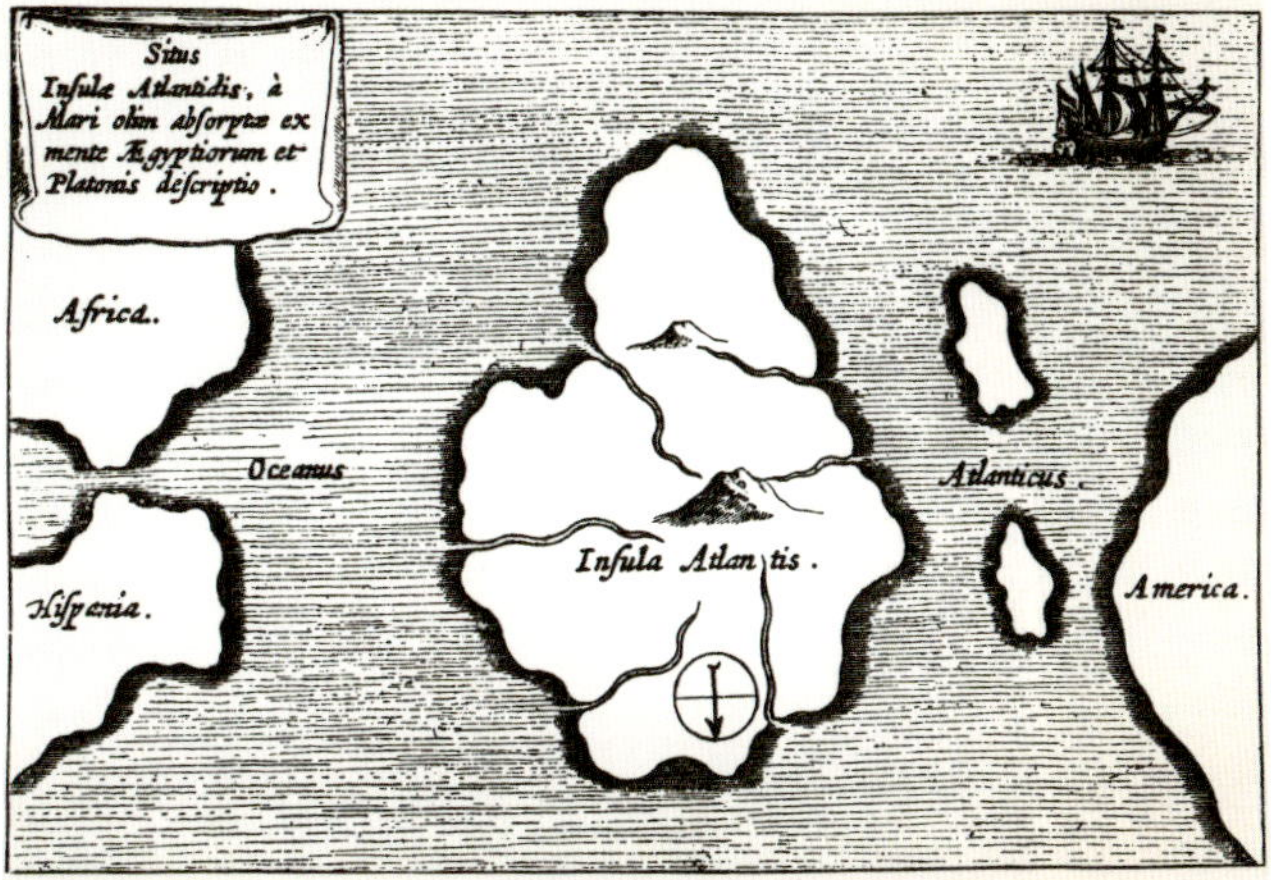

17世紀に描かれたアトランティスの地図（提供：アフロ）

乗ったペルセウスがアンドロメダを救います。秋の夜空を彩る星座となったエチオピア王家の物語にもポセイドンが関係しています。

エーゲ海をのぞむスニオン岬のポセイドン神殿は紀元前5世紀に建設され、今でも観光の名所になっています。世界の七不思議の1つであるアレクサンドリアのファロスの灯台の頂部にも、三叉の矛をもつポセイドンの像があったといわれています。

古代ギリシアの哲学者プラトンは対話集『ティマイオス』と『クリティアス』の中で、アトランティス伝説について触れています。アトランティスは海に囲まれた広大な島にあり、大変繁栄していました。中心のアクロポリスにはポセイドンをまつる神殿があったといわれています。しかしアトランティスは一夜にして海に沈んでしまいました。

冥王星 *Pluto*

かつては第9惑星であった、
カイパーベルト天体の準惑星。
太陽から遠く、
冥王の名を冠する。

天王星の摂動から海王星が発見された後、20世紀初めになると、天文学者たちは海王星の外側にさらに惑星が存在するのではないかと考えるようになりました。海王星にも摂動があるように見えたからです（実際にはありませんでした）。未知の惑星探しがはじまりました。ローウェル天文台をつくったパーシヴァル・ローウェルも取り組みましたが、彼の生前に新たな惑星が見つかることはありませんでした。しかし1930年、ローウェル天文台の若い天文学者クライド・トンボーによって冥王星が発見されたのです。

他の衛星にくらべて、公転面はだいぶ傾いています。太陽を1周するのに248年かかります。軌道の一部は海王星の軌道の内側に入っており、1979～1999年までの20年間、冥王星は海王星の軌道の内側にありました。

冥王星には衛星が5個発見されています。このうちカロンは冥王星の約半分のサイズをもち、冥王星から約2万キロメートルの距離にあります。他の惑星と衛星の関係と比較すると、同じサイズに近い天体が非常に近い距離にあるといえます。こうしたことから、地球で月が誕生したのと同じように、冥王星でも過去に大衝突がおこって、現在の冥王星とカロンが誕生したと考えられています。冥王星の他の衛星はサイズが非常に小さく、この時の衝突の破片からできたと考えられます。

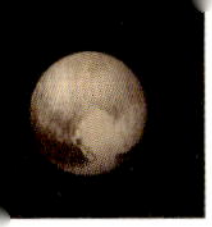

冥王星は地球から非常に遠い天体であるため、ハッブル宇宙望遠鏡をもってしても、その表面の表情をおぼろげにしか見ることができませんでした。

◆「惑星」から外れた理由

2006年1月、NASAの冥王星探査機ニュー・ホライズンズがフロリダ州ケープカナベラルから打ち上げられました。探査機がまだ訪れていない最後の惑星を目指して、長い旅に出発したのです。

ところがその年の8月、国際天文連合（IAU）の総会がプラハで行われ、惑星の定義が検討されました。この頃、冥王星の外側には、冥王星と同じような天体がいくつか発見されていたのです。新しい惑星の定義が決議され、冥王星は惑星か

冥王星を観測するニュー・ホライズンズ探査機の想像図

ら「降格」し、小惑星ケレスなどとともに「準惑星」（英語ではDwarf planet）に分類されることになってしまいました。

冥王星表面の物質の違いを見るために色を強調した画像。冥王星の表面の複雑さがわかる。ハート形をしたトンボー地域がひときわ明るい。

新たな惑星の定義とは、①太陽のまわりをまわっている、②自分の重力によって球形になっている、③自分がまわる軌道上の他の天体を排除している、というものでした。このうち最後の条件、すなわち、自分の軌道上には他の天体が存在しないという条件を冥王星は満たしていないということになったのです。この決定については今もいろいろな議論があります。

２０１５年7月14日、ニュー・ホライズンズは約49億キロメートルの旅ののち、冥王星に最接近しました。間近に見る冥王星の姿は衝撃的でした。冥王星やカロンは活動を停止した凍りついた天体と考えられたのですが、複雑な表面をもち、今も活動が続く天体であることが明らかになったのです。

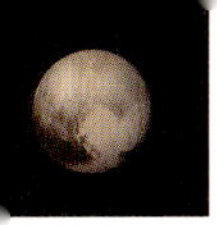

◆氷の山地が連なる極寒の世界

冥王星の表面温度はマイナス230℃と非常に低く、メタン、窒素、一酸化炭素、水などの氷でおおわれています。ニュー・ホライズンズの観測によれば、表面の物質分布は非常に複雑であることがわかりました。

ニュー・ホライズンズが発見した冥王星で一番目立つ地形は、赤道から少し北にある白いハート形をした地域です(本章扉写真)。冥王星の発見者にちなみ、ここはトンボー地域とよばれています。このハート形の左(西)半分は世界初の人工衛星にちなみ、スプートニク平原とよばれています。スプートニク平原は氷におおわれており、クレーターがありません。非常に若い地形で、1000万年くらい前に形成されたのではないかと考えられます。スプートニク平原の端の方では氷

スプートニク平原とその西の地域。白く平らなスプートニク平原の隣には、クレーターにうがたれた暗い地域が広がっている。

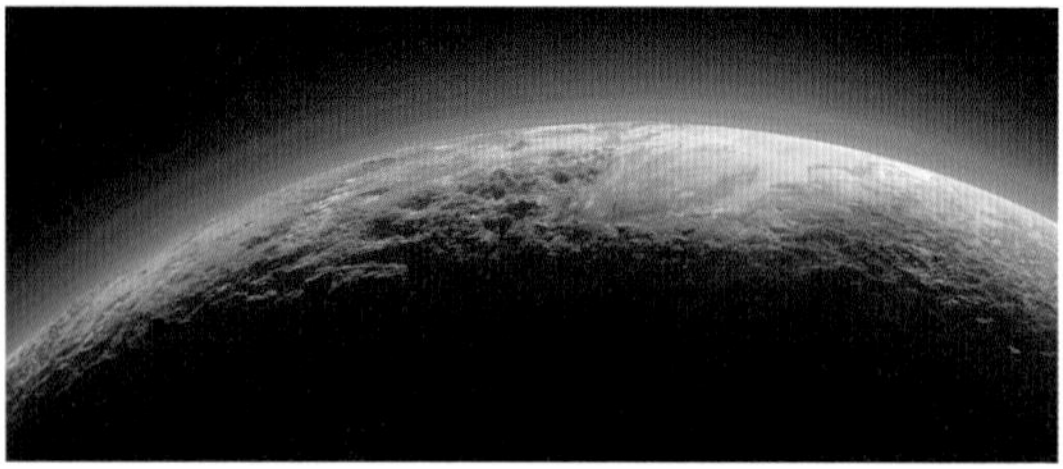

夜の領域から冥王星の縁を撮影した写真。中央やや右にスプートニク平原が見える。それ以外の地域の荒々しい表面がよく見えている。地平線の上には淡いかすみの層が見えている。

トンボー地域の裏側。下の暗いところは「クジラ」とよばれる場所で、一番左が「尾」の部分である。

河の流れが発見されています。

スプートニク平原の西の端にはヒラリー山地やノルゲイ山地と名付けられた山地があり、3000メートルを超す氷の山地が連なっています。そのさらに西側には非常に黒い色をした地形が裏側にまで続いています。この暗い地域は、冥王星に接近しつつあったニュー・ホライズンズがトンボー地域のハート形とともに早い段階で発見した地形で、クジラの形をしています。ここには多数のクレーターがあり、古い地形であることが分かります。

ニュー・ホライズンズは氷の火山と考えられる地形も発見しました。スプートニク平原の南にある高さ約4000メートルのライト山です。この山体は楯状火山のようにゆるやかに広がっており、頂上部分にはカルデラのようなくぼみがありました。

冥王星には1万分の1気圧くらいの薄い大気があります。主成分は窒素です。大気は高さ1600キロメートルにまで広がっていることがわかりました。

衛星カロン。赤道に沿って峡谷らしい地形が延びている。裏側まで続いているとみられ、カロンにはげしい地質活動があったことがわかる。

衛星カロンの表面も明らかになりました。カロンの表面で一番目につくのは赤道地域に長く延びた溝です。引っ張り力によってできた裂け目のように見え、火星のマリネリス峡谷を連想させます。この溝に関して興味深い説がだされています。かつてカロンの内部にも海があったというのです。しかし、内部の熱源がなくなってカロンは冷え、海は凍ってしまいました。水は氷になると体積がふえます。カロンの内部が膨張したため、地殻が引き裂かれ、この巨大な溝ができたというのです。

冥王星を逆光で撮影することで、淡いかすみの層が見えた。

そのほかにも山地や谷、断層などが存在し、カロンにはげしい地質活動があったことを物語っています。北極域には暗い物質が広がっています。

冥王星の内部構造については、ほとんど分かっていません。氷の層の下には岩石のコアがあると考えられています。氷の層と岩石のコアとの間には海が存在するかもしれません。

ニュー・ホライズンズが測定した冥王星の直径は2370キロメートルで、それまでの推定値2300キロメートルに比べて少し大きなサイズでした。そのため、冥王星の密度はこれまで考えられていたより少し小さくなります。このことは冥王星の氷の量がこれまで考えられていたよりも多いことを意味しています。カロンの直径は1208キロメートルでした。これはそれまでの推定値とほぼ同じ数字でした。

ニュー・ホライズンズの観測データの解析はまだ続いています。これからも新しい事実が明らかになっていくでしょう。

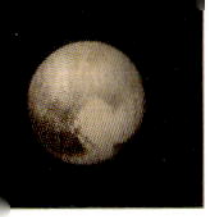

冥王星接近を果たしたニュー・ホライズンズは、次の目標であるカイパーベルト天体2014MU69に向けて飛行を続けています。

◆第9惑星はあるのか

海王星の軌道の外側には多数の小天体が存在し、エッジワース・カイパーベルト天体（ＥＫＢＯ）、カイパーベルト天体（ＫＢＯ）、あるいは太陽系外縁天体（ＴＮＯ）とよばれています。ジェラルド・カイパーとケネス・エッジワースは、海王星の外側に彗星の巣となる小天体が密集したベルトが存在することを提唱した天文学者です。

１９９２年に1992QB1が発見されて以来、次々とカイパーベルト天体が発見されており、その数は現在では１０００個を超えています。そのうちサイズの大きなエリス、ハウメア、マケマケは冥王星とともに準惑星に分類され、さらに数十個が候補天体となっています。

冥王星も現在ではカイパーベルト天体に含まれています。

２０１６年1月、地球の10倍くらいの質量をもつ9番目の惑星の可能性が報告されました。この天体はコンピューターの計算によって導かれました。今後、実際に存在するかどうか探索が行われることになります。

冥王星
戻ることのできない旅

冥王星をPlutoと名付けることを提案したのは、イギリスのオックスフォードに住んでいた当時11歳の少女ヴェネチア・バーニーでした。冥王星のシンボルはPlutoのPとLを組み合わせたもので、発見に貢献したパーシヴァル・ローウェルの頭文字でもあります。

プルートーはローマ神話の冥界の王であり、ギリシア神話ではハデスです。

ハデスはペルセポネをみそめ、冥界に連れ去ってしまいました。ペルセポネの母で豊穣の女神デメテルはペルセポネを冥界から取り戻しますが、ペルセポネは冥界のザクロの実を数粒食べていたのです。そのため、ペルセポネは1年の3分の1は冥界の王妃として過ごすことになりました。この神話は1年に四季があることを説明しているといわれています。

この神話の原型はシュメール神話の「イナンナの冥界下り」と考えられます。天の女神イナンナ（イシュタル）は冥界に下りて、冥界の女王であり姉のエレシュキガルに会います。イナンナ

ルーベンス『オルフェウスとエウリュディケ』(提供:アフロ)

はエレシュキガルの「死の目」に見つめられて死んでしまいますが、地上の助けで生き返り、地上に戻ります。しかし自分の代わりに彼女の夫とその姉を交代で冥界に置かなければなりませんでした。これが、季節のはじまりとされています。

竪琴の名手オルフェウスは妻のエウリュディケが毒蛇にかまれて死んだため、冥界に下りて行って、彼女を取り戻そうとします。ハデスはオルフェウスの琴の音に感動し、彼女を戻すことを約束します。ルーベンスの『オルフェウスとエウリュディケ』では、エウリュディケを連れ戻すオルフェウスが描かれ、右にハデスとペルセポネがいます。

エウリュディケが地上に戻る条件は、オルフェウスが地上に戻るまで、振り返ってエウリュディケを見てはいけないということでした。しかし、もう少しで冥界を抜けるところで振り返ったため、エウリュディケは冥界に戻されてしまいました。

イザナギが黄泉の国に下りてゆく日本の神話をはじめ、冥界下りの神話や伝説はいろいろありますが、いずれも死者はふたたび戻ることができないことがテーマになっています。

次々と発見が相次ぐ、
太陽系ができたときの姿を
とどめる天体。

小惑星 *Asteroid*

火星と木星の軌道の間には小惑星とよばれる多数の小天体が帯状に存在し、小惑星帯とよばれています。小惑星は原始惑星が衝突でばらばらになったもので、あるグループをつくる小惑星群については「母天体」が考えられています。小惑星は太陽系の初期の情報を今もとどめている天体といえます。

◆小惑星探査が太陽系成立を解く大きなカギ

現在約125万個の小惑星が発見され、そのうち約75万個の軌道が決定されています。

一番大きな小惑星はケレス（準惑星に分類されている。本章扉写真）、2番目はパラス、3番目はベスタです。ケレスは直径約950キロメートルの球形をしています。自分の重力で球形になるだけの質量があったのです。内部は分化し、岩石のコア、水の氷のマントル、地殻という構造になっていると考えられます。2015年にNASAの探査機ドーンがケレスに接近し、詳細な観測を行いました。ケレスの表面には多数のクレーターがあり、多数の衝突にさらされた歴史を物語っています。また、クレーターの底に非常に反射率の高い物質が存在するなど、興味深い事実が明らかになっています。

パラスは直径が約500キロメートルの小惑星です。望遠鏡による観測のみのため、表面の様子などはよくわかっていません。

ベスタはやや細長い形をしていて、長径は530キロメートル、短径は約470キロメートルです。ドーンは2011年から2012年にかけてベスタを近くから観測しました。その結果によると、ベスタの表面は玄武岩（溶岩）でおおわれていました。ベスタは内部の分化が途中まで進んだところでストップしてしまった天体のようです。

小さいサイズの小惑星は不規則な形をしています。ガリレオ探査機は木星に向かう途中、1991年に小惑星ガスプラを、1993年に小惑星イダを観測しましたが、どちらもいびつな形をしていました。ガスプラのサイズは約19×12×11キロメートル、イダのサイズは約60×25×19キロメートルでした。

NASAのニア・シューメーカー探査機は小惑星エロスの周回軌道に入って観測を行い、さらに表面に着陸しました。エロスは長さが約34キロメートルの細長い形をしています。エロスの表面にも多数のクレーターがありましたが、表面全体がレゴリスとよばれる細かい粒子でおおわれていました。クレーターの底にレゴリスがたま

3番目に大きいベスタは少しいびつな形をしており、表面には溶岩があった。

っているところもありました。小天体が衝突したときに衝撃でエロスが揺れ、レゴリスがクレーターの底に移動したとみられます。

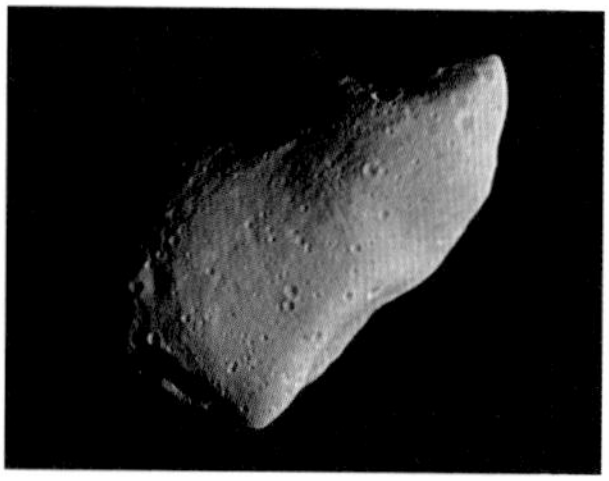

小惑星ガスプラ。サイズが小さい小惑星の形は不規則である。

小惑星エロス。表面にはレゴリスとよばれる微粒子が積もっていた。

小惑星イトカワ。表面に岩塊が多いのが特徴である。(提供:JAXA)

日本の小惑星探査機「はやぶさ」が微粒子を持ち帰ったイトカワは「ラッコ」のような形をしていて、長径は535キロメートルです。イトカワの表面は、それまで観測された他の小惑星の表面と異なり、岩塊が非常に多いのが特徴です。なめらかな部分は全体の20％ほどしかありませんでした。「はやぶさ」はイトカワの内部に空隙が多くあることを明らかにしました。イトカワは衝突で一度破壊された小惑星の破片がふたたび集合してできたと考えられ、表面の岩塊はそのときのものと考えられます。細かい粒子が集まっている領域はラッコの首の部分で、イトカワでは一番低い部分です。小天体の衝突による衝撃で細かい粒子が動き、この領域にたまったと考えられます。

イトカワの微粒子の分析からは宇宙風化のプロセスなど、多くの知見が得られています。宇宙風化とは天体の表面の色や明るさが太陽風や微小天体の衝突などの影響で変化することをいいます。

◆小惑星の4タイプ

小惑星はその表面の色（スペクトル）からいくつかのタイプに分けられています。主なものにはS型、C型、M型、V型があります。S型小惑星はケイ酸塩からなる岩石鉱物成分が多い小惑星で、エロスやイトカワがこれにあたります。C型小惑星は炭素系の物質が主成分で、そのため表面は暗い色をしています。ケレスはこのタイプです。C型小惑星には有機物や水が含まれている可能性があり、太陽系天体の水の起源や生命の誕生に貴重な情報をもたらす可能性があります。「はやぶさ2」が目指しているリュウグウもC型の小惑星です。M型小惑星は鉄やニッケルが成分のほとんどを占めるため、比較的明るく見える小惑星です。V型小惑星はベスタに代表され、岩石質の小惑星でS型に近いのですが、表面に玄武岩が分布しています。

小惑星が地上に落ちてきたものが隕石です。隕石はこれまで詳しく研究されており、成分の鉄と岩石鉱物の比率から大きく鉄隕石、石鉄隕石、石質隕石の3つに分けられています。

鉄隕石はその名の通り、ほとんどが鉄からなる隕石です。石鉄隕石は鉄と岩石鉱物の比率が同じくらいの隕石です。石質隕石は主に岩石鉱物からなる隕石です。石質隕石はコンドルールとよばれる微小な粒子を含むことがあり、コンドルールを含むコンドライトと、コンドルールを含まないエイコンドライトの2つに分けられます。コンドライトはさらに普通コンドライトや炭素質コンドライトなどに分類されています。

小惑星のスペクトルによる分類と隕石の成分による分類は一致しているわけではありませんが、S型の小惑星は普通コンドライトに、C型の小惑星は炭素質コンドライトに対応するといわれています。「はやぶさ」の任務の1つは、イトカワについて、この対応を調べることでした。「はやぶさ」による観測の結果、S型小惑星のイトカワは普通コンドライトのうちのLLコンドライトとよばれるものに最も似ていました。

◆小惑星の軌道

小惑星の中には、小惑星帯より内側の軌道をとるものや、木星トロヤ群のように、木星の軌道上に存在するものもあります。地球に接近する小惑星はNEA（地球近傍小惑星）とよばれています。NEAはその軌道によってアポロ、アテン、アモールの3つのグループに分類されています。このうちアポロ群とアテン群の小惑星は地球の軌道を横切ります。アモール群の小惑星は地球の軌道の内側をまわっています。

イトカワはアポロ群の小惑星で、太陽から一番離れたときには火星の軌道のすぐ外側に、太陽に一番接近したときには地球の軌道の内側にきます。「はやぶさ2」が目指しているリュウグウもイトカワと同じような軌道をとるアポロ群の小惑星です。

地球に衝突する小惑星の想像図

地球近傍にやってくる天体には小惑星の他に彗星などもあり、それらを合わせてＮＥＯ（地球近傍天体）とよんでいます。ＮＥＯは地球に被害を与える可能性があるので、ＮＡＳＡをはじめ世界各国の機関が監視体制を強めています。

２０１３年2月にロシアのチェリャビンスク郊外に隕石が落下し、大きなニュースになりました。このとき落下してきた小惑星は直径約18メートルと推定され、大気中で高熱により分裂し、破片が地上に落下しました。分裂の際の衝撃波により、建物のガラスなどたくさんの被害が出て、１０００人以上がけがをしたといわれています。このクラスの小惑星落下は数十年に1度起こります。

落下する小惑星が30メートル以上になると、森林の広大な範囲で樹木がなぎ倒された、1908年のツングースカ大爆発のような事件が起こります。この規模のイベントは250〜500年に1度は起こるといわれています。小惑星のサイズが140メートル以上になると、その破壊エネルギーはTNT火薬で150メガトン級となり、大都市全域が破壊されるくらいの被害が出ます。この規模のイベントが起こる確率は5000年に1度くらいです。今から6600万年前には、直径10〜15キロメートルの小惑星がユカタン半島に落下し、恐竜を絶滅させました。全地球に被害がおよぶこの規模のイベントがおこる確率は1億年に1度くらいと見積もられています。

NASAの資料によると、2016年2月18日時点で、1万3945個のNEOが発見されており、そのうちの1万3839個が小惑星とのことです。NASAはこのうち地球に落下して被害を与える潜在的可能性のある、いわば「要注意」の小惑星をPHAとよんでいます。現在1681個のPHAがリストアップされています。

今後、NEOの監視体制が進めば、NEOやNEA、そしてPHAの数はどんどん増えていくでしょう。しかし、それは危険が増えるということではありません。逆にあらかじめ監視することによって、私たちは万が一の場合の危険を事前に察知し、被害を防ぐことができるようになるのです。

古くは出現を怖れられた、
夜空を駆ける箒星の秘密。

彗星 *Comet*

長い尾を引いて夜空を旅する彗星は、私たちを楽しませてくれます。しかし彗星は突然出現して次第に増光し、惑星たちとは異なる運行をするため、昔の人々は、不吉な出来事の兆しと考えたこともありました。

最も有名な彗星はハレー彗星でしょう。ハレー彗星は1705年にイギリスの天文学者エドモンド・ハレーが約76年の周期をもつ彗星であるという説を発表し、予測通り1758年に回帰が観測されました。古い文書を調べてみると、ハレー彗星は紀元前から観測記録が残っていました。彗星は、長楕円軌道をまわっています。ハレー彗星は一番遠いときには海王星の軌道の外側に出てしまいます。一番近づくときには金星の軌道の内側に入りこみます。

彗星はその周期の長さから短周期彗星と長周期彗星に分けられています。周期が200年以内のものは短周期彗星とよばれます。周期が200年より長いものは長周期彗星とよばれます。彗星の中には楕円ではなく、放物線や双曲線の軌道をとるものもあります。こうした彗星は一度出現した後、ふたたび戻ってくることはありません。

◆彗星は「汚れた雪だるま」

彗星の主成分は水の氷で、さらにちりが含まれています。そのため、彗星は「汚れた雪だるま」

と表現されます。彗星がだんだん太陽に近づくと、太陽に面した表面が温められ、「汚れた雪だるま」の中の氷がガスとなって噴き出します。ガスの中には一酸化炭素や二酸化炭素のほか、メタン、エタン、アセチレン、アンモニアのような有機分子も含まれます。そのため、地球の生命の材料は彗星からやってきたと考える人もいます。ガスと一緒にちりも噴き出し、彗星の核は丸く淡い光に包まれます。この光芒をコマとよんでいます。本章扉の写真は2013年に太陽に接近したアイソン彗星で、コマが淡くみえています（提供：ESO）。

太陽に接近するにつれて、ガスやちりが太陽の反対方向に流れ出し、尾をつくっていきます。ガスはイオン、すなわち電気を帯びた粒子として噴き出し、太陽風によって飛ばされていきます。そのため、イオンの尾は太陽のちょうど反対方向に直線状に流れます。一方、ちりの尾は太陽の光の圧力を受けて飛んでいきます。太陽の近くでは彗星が移動するにつれて太陽の方向が変わっていくため、ちりの尾の幅が広がったり、尾の向きが曲がったりすることもあります。

次ページの写真は1997年に接近したヘール・ボップ彗星で、青い尾がガスの尾、白い尾がちりの尾です。その下の写真は2007年に接近したマックノート彗星です。太陽の近くをまわった際に撮影されたため、ちりの尾が大きく曲がった壮大な姿がとらえられました。

彗星が通ったあとの軌道には、彗星から放出されたちりが密集して残され、ちりの帯ができています。このちりの帯が地球の軌道と交差している場合、地球が帯の中に入ると、ちりの粒が地球に落下してきます。これが流星群です。直径が数ミリメートル～数センチメートルのちりの粒が大気中で燃えつき、流星となるのです。毎年8月12～13日にあらわれるペルセウス座流星群はスイフト・タットル彗星が残したちりによるものです。また、10月2日～30日にかけて出現し21

ヘール・ボップ彗星。青い尾がガスの尾、白い尾がちりの尾。（提供：ESO）

マックノート彗星。ちりの尾が大きく曲がった壮大な姿がとらえられた。

日頃が見ごろのオリオン座流星群はハレー彗星が残したちり、11月10日〜25日にかけて出現し18日頃が見ごろのしし座流星群はテンペル・タットル彗星のちりが生み出すものです。

◆難しかった核の観測

彗星の観測は古くから行われてきましたが、彗星の核を見ることはできませんでした。地上の望遠鏡では、コマや尾の光が邪魔になって、彗星の核自体を観測することができないからです。人類がはじめて彗星の核を見たのは、1987年、ハレー彗星が回帰したときのことでした。このとき、ヨーロッパのハレー彗星探査機ジョットは、ハレー彗星に接近し、その核を撮影することに成功したのです。ハレー彗星の核はピーナッツの殻のような形をしていました。その大きさは約16×8×8キロメートル。ハレー彗星の太陽を向いた面からは、ガスとちりがはげしく噴き出すジェットがいくつも観測されました。また、核の表面が非常に暗いこともわかりました。彗星の核は「汚れた

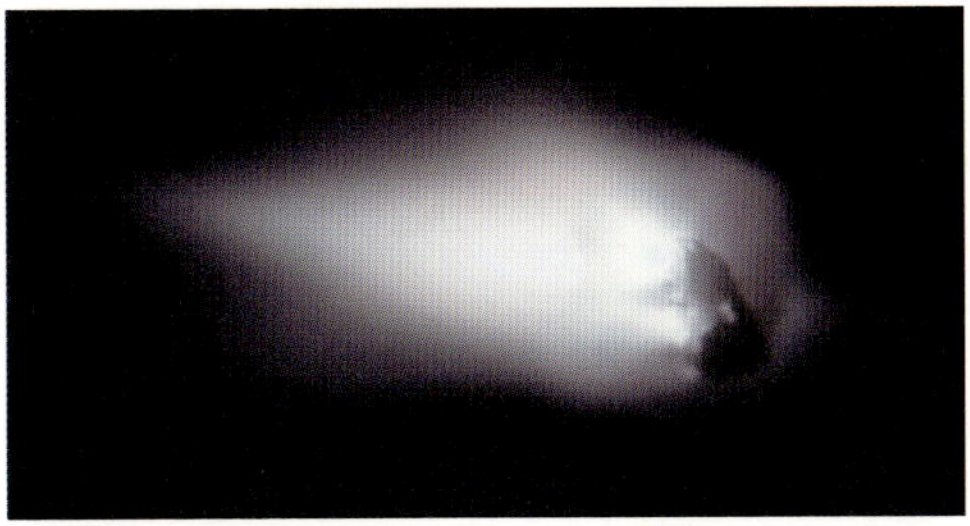

ジョット探査機が撮影したハレー彗星の核。左が太陽の方向で、太陽光に温められた表面からはげしいジェットが噴き出している。（提供：ESA）

雪だるま」ですが、何度も太陽に近づくうちに、水の氷はどんどん気化していきます。しかし、ちりは全部が放出されるわけではなく、残ったちりが核の表面に地殻のようなものをつくっていると考えられています。核が太陽の光で温められると、表面下の氷がガスとなって圧力が高まり、表面の割れ目から噴き出すので、ジェットが形成されるのです。

その後、いくつかのNASAの探査機が彗星に接近し、興味深い事実を明らかにしました。NASAの探査機ディープ・スペース1は、2001年にボレリー彗星に接近し、その核の姿をとらえました。ボレリー彗星は長さ約8キロメートルの細長い形をしており、表面にはいくつものくぼみが発見されました。クレーターかもしれませんが、内部に空隙ができて表面が落ち込んだくぼ地かもしれません。

スターダスト探査機は2004年にビルト第2彗星に接近し、核を観測するとともに、同彗星のちりを回収して地球に持ち帰りました。ビルト第2彗星の核は楕円体で、表面はでこぼこで、クレーターとみられるくぼみもみられました。回収されたちりの成分の分析によって、彗星は太陽や惑星と同じ材料物質でできていることがわかりました。一方、大きな謎も出てきました。ちりの中に、1000℃もの高温下でつくられたと考えられる粒が見つかったのです。彗星は太陽系の外縁部からやってくるのですが、そのような冷たい場所で、ちりが1000℃もの高温にさらされたとは考えられません。太陽系が形成されていく過程で高温にさらされた物質が、何らかの原因で外縁部に飛ばされたと考えられますが、くわしいことはまだわかっていません。

ディープ・インパクト探査機は２００５年にテンペル第１彗星に接近しました。このときディープ・インパクトは子機を彗星に衝突させ、その様子を観測しました。衝突直後に高温の水蒸気

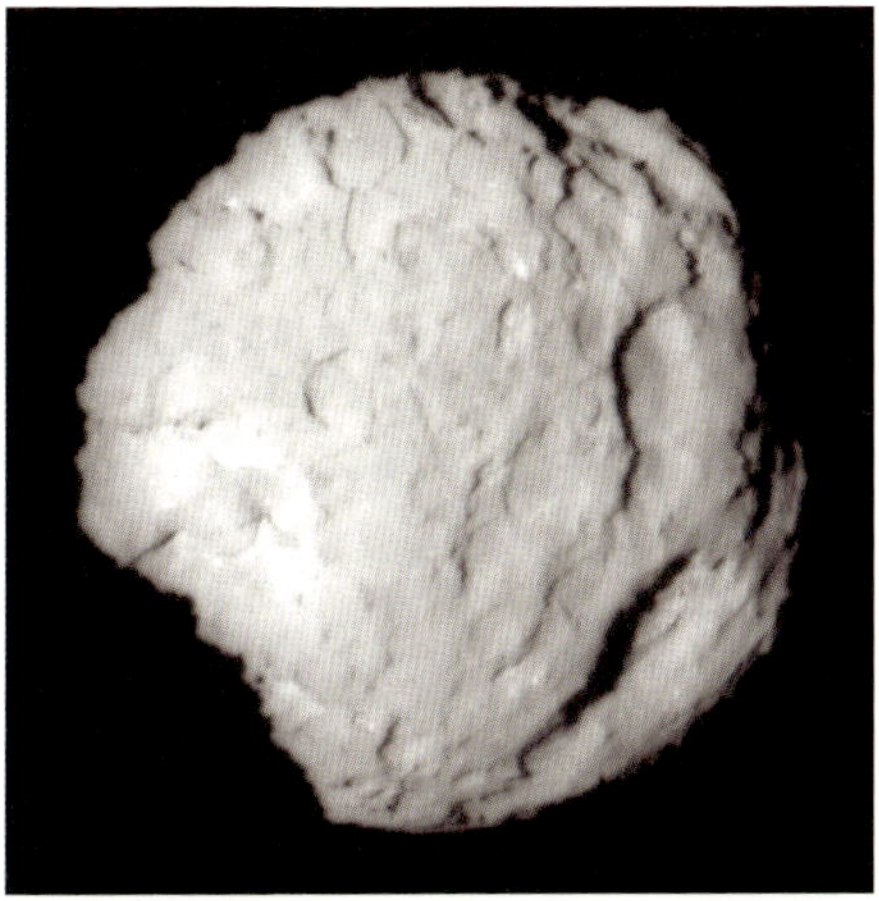

スターダスト探査機が撮影したビルト第2彗星の核

テンペル第1彗星に接近するディープ・インパクト探査機の想像図

ロゼッタ探査機の着陸機フィラエが距離約3キロメートルから撮影したチュリュモフ・ゲラシメンコ彗星の表面（提供：ESA）

の雲が出現し、はげしく広がっていきました。高温水蒸気の雲に少し遅れて、固体のちりの粒子が放出されました。衝突の様子は地上や宇宙の望遠鏡で観測されました。その結果、テンペル第1彗星のちりも、やはり高温を経験していることがわかりました。

ディープ・インパクトはその後、ハートリー第2彗星の観測も行いました。

2014年にはヨーロッパの探査機ロゼッタがチュリュモフ・ゲラシメンコ彗星に接近して観測を行い、表面に水の氷を発見しました。また、着陸機フィラエが表面に着陸して写真を送ってきました。

太陽への接近を何千年間も繰り返しているうちに、彗星の核は氷やその他のガスの成分を失っていきます。そして最後には、それらがなくなり、小惑星と見分けがつかない天体になってしまいます。このような天体を枯渇彗星といいます。現在発見されている小惑星のうち、軌道が彗星

のように長い楕円形をしているものは、枯渇彗星の可能性があります。

◆彗星の起源は？

彗星はどうやってでき、どこからやってくるのでしょうか。１つの考えは、次のようなものです。

原始太陽系円盤から微惑星がつくられていったとき、太陽に近いところでは岩石質のちりから微惑星がつくられました。一方、太陽から遠いところでできた微惑星には、水の氷がたくさん含まれていたと考えられます。このあたりの軌道ではやがて木星、土星、天王星、海王星という巨大惑星が形成されました。これらの惑星の重力によって、氷を多く含んだ無数の微惑星、すなわち彗星の核が太陽系のはるか遠くの軌道まで飛ばされてしまったと考えられます。

オランダの天文学者ヤン・オールトは１９５０年代に、現在の太陽系を球形に取り巻く巨大な彗星の巣があり、ここから彗星がやってくるという説を提唱しました。この彗星の巣を「オールトの雲」とよんでいます。オールトの雲は太陽から1万～10万天文単位も離れたところにあるとされます。太陽と地球の距離が1天文単位ですから、太陽と地球の距離の1万～10万倍も遠くということになります。そのような遠方のことは何もわからないので、オールトの雲が本当に存在するかどうかも分かっていません。しかし、巨大惑星にはじき飛ばされた氷を多く含む微惑星が、はるか遠くに球殻状に分布していると考えられているのです。

海王星の外側に分布していた微惑星は軌道を変えず、そのまま分布していると考えられています。その場所がエッジワース・カイパーベルトです。ここには冥王星の仲間である太陽系外縁天体が数多く発見されていますが、もともとはエッジワースとカイパーが独立に、彗星の巣として提唱したものなのです。

短周期彗星はエッジワース・カイパーベルトからやってくると考えられています。短周期彗星の軌道は、現在の惑星やエッジワース・カイパーベルトの軌道面とほぼ同じです。一方、長周期彗星はオールトの雲からやってくると考えられています。長周期彗星は惑星の軌道面とは関係なく、どの方向からもやってきます。これは彗星の巣が球形でなければありえないことです。

彗星の起源にはまだわからないことが多く、今後の研究が待たれます。

多様な系外惑星の姿から見えてくる、
「惑星」の個性的なありよう。

系外惑星

Exoplanet

太陽以外の恒星をまわる惑星、すなわち太陽系外惑星（系外惑星）の探査は、現代天文学の大きな目標の1つになっています。系外惑星の研究は、恒星のまわりにできる惑星系の形成理論や太陽系誕生の研究に貴重な情報をもたらします。それだけでなく、地球に似た環境をもつ系外惑星の研究が進めば、「生命とは何か？」という科学の根本的な問いにも、重要な知見をもたらすことになるでしょう。

◆次々発見される系外惑星

南天に「がか（画架）座」という星座があります。がか座のベータ星は、1980年代に恒星を取り巻く原始惑星系円盤が発見され、有名になりました。がか座ベータ星は距離約63光年にあり、質量は太陽の約1.7倍です。地球からは、ガスとちりの円盤が真横から見えています。がか座ベータ星の円盤では、星に近いところですでに惑星が誕生しているのではないかと考えられました。実際、21世紀になって、木星の約7倍の質量の惑星が発見されています。

円盤をもつ恒星はその後も発見され、星が誕生する現場であるオリオン大星雲では、円盤をもつ生まれたての星が多数観測されています。このように、恒星をとりまく原始惑星系円盤は観測されたものの、その円盤から誕生した惑星の存在を明らかにすることはなかなかできませんでした。

　1995年、ジュネーブ天文台のミシェル・マイヨールらによって、ペガスス座51番星にはじめて系外惑星が発見されました。この惑星は木星の半分ほどの質量をもち、51番星のすぐ近くをわずか4・2日で1周していました。51番星に近いため、惑星表面の温度は1000℃を超えてい

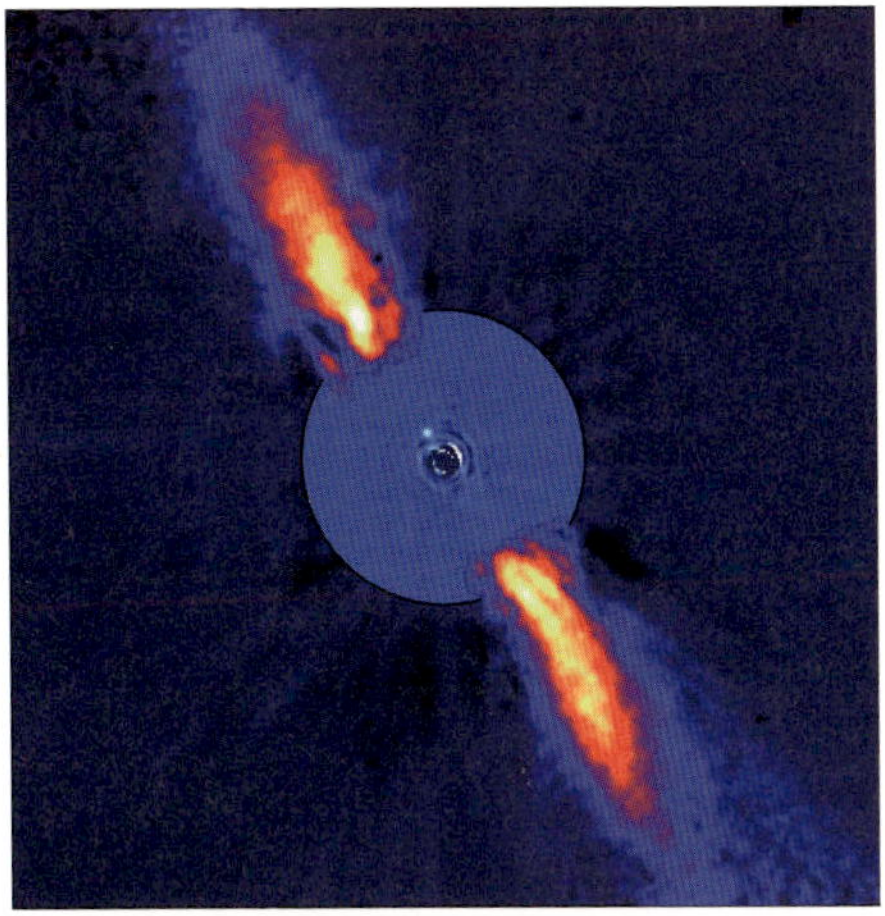

がか座ベータ星のガスとちりの円盤（提供：ESO）

ペガスス座51番星に発見されたガス惑星の想像図。恒星のすぐ近くをまわるホット・ジュピターである。

多数の系外惑星を発見しているケプラー探査機

ると考えられ、「ホット・ジュピター」とよばれました。これをきっかけに、次々と系外惑星が発見されることになりました。

２００６年、フランスは系外惑星探査機コローを打ち上げ、地球をまわる軌道から観測を行いました。コローは２０１２年に観測を停止するまでに33個の系外惑星と系外惑星候補約６００個を発見しました。

２００９年にはＮＡＳＡのケプラー探査機が打ち上げられ、観測を開始しました。ケプラー探査機は２０１３年に姿勢制御系のトラブルのために一度観測を停止しましたが、その後、太陽光の圧力を利用して姿勢制御する「Ｋ２ミッション」によって観測を再開しました。ケプラーの成果には目を見張るものがあります。ケプラーが発見した系外惑星は２０１６年２月現在で１０４２個、惑星候補は３７０１個にのぼっています。

◆観測方法のいろいろ

系外惑星を発見するには、いくつかの方法があります。

惑星が恒星をまわると、惑星の重力によって恒星も位置を少し変化させます。この恒星の「ふらつき」を、恒星からくる光のドップラー効果によって検出するのが、ドップラー法です。その恒星が地球から遠ざかれば、光はわずかに赤い方にずれます。地球に近づくときには光は青い方にずれます。これが周期的に起こっていれば、そこに惑星がまわっていると考えられるのです。ペガスス座51番星はこの方法で発見されました。

恒星の位置を厳密に観測して、恒星のふらつき自体を直接検出する方法もあり、天体位置観測法とよばれています。

地球からみて、恒星の前を惑星が通過すると、恒星の明るさはわずかに減ります。この明るさの変化から惑星の存在を明らかにするのが、トランジット法というものです。地上の望遠鏡を使い、この方法で多数の系外惑星がみつかっています。また、コローやケプラーは、大気に邪魔されない宇宙空間からこの方法で恒星の明るさの変化を検出し、多数の系外惑星を発見しました。

望遠鏡で直接惑星をみつける直接撮像法という方法もあります。望遠鏡の能力の限界に挑戦することの方法は非常にむずかしく、これまで11個の系外惑星が発見されただけです。そのうち3個の発見は、日本の国立天文台のチームによって行われました。

◆個性的で多様な天体

NASAのサイトによると、2016年2月現在で、発見された系外惑星は合計1941個です。

これまで発見された系外惑星の中には、ホット・ジュピターや、軌道が非常に細長い「エキセントリック・プラネット」など、太陽系の惑星からは考えられないような個性的なものが多数あります。

系外惑星にはいくつかの種類分けがありますが、そのサイズからは、「巨大ガス惑星」「ホット・ジュピター」「スーパー・アース」「岩石惑星」に分けることができます。ただし、サイズがわかっていない惑星も15個あります。

巨大ガス惑星は木星と同じタイプの惑星、ホット・ジュピターはそうした惑星が恒星のすぐ近くをまわっているものです。現在、巨大ガス惑星は490個、ホット・ジュピターは1124個が発見されています。サイズと質量が大きいため、系外惑星が発見されはじめた頃には、このタイプの惑星が多く発見されました。

ESO（ヨーロッパ南天天文台）のチリにある大型望遠鏡VLTは、2003年から2009年にかけてがか座ベータ星の円盤を観測し、そこに木星の7倍程度の質量をもつガス惑星を発見しました。

ハッブル宇宙望遠鏡が大気の運動を観測した巨大ガス惑星2M1207bの想像図

同じESOのラ・シヤ天文台の望遠鏡が2015年に発見したのは、木星にそっくりな惑星でした。この惑星HIP11915は、くじら座にある太陽に似た恒星のまわりをまわっています。地球からの距離は約190光年です。HIP11915は恒星からの距離もサイズも木星とほとんど同じであるため、太陽系の形成を考える上でも興味深い惑星です。もしかすると、その内側には、地球に似た惑星がまわっているかもしれません。

巨大ガス惑星の大気の研究も行われてい

ます。ハッブル宇宙望遠鏡は2016年、2M1207bとよばれる巨大ガス惑星の大気の回転をはじめて観測したと発表しました。この惑星は木星の質量の約4倍あります。ハッブルは大気表面に雲のパターンがあるのを発見しただけでなく、雲の層も観測しました。

◆地球とそっくりの惑星

スーパー・アースは質量が地球の数倍から10倍の岩石惑星です。これまで219個が見つかっています。岩石惑星は地球程度の質量をもつ惑星で、93個が見つかっています。

スーパー・アースの中にも、恒星のすぐ近くをまわっているものがあります。例えばコローが発見したコロー7bは、太陽によく似た恒星（コロー7）をまわるスーパー・アースです。質量は地球の約6倍で、恒星からわずか約250万キロメートルという距離にあるため、恒星を向いた表面の温度は2000℃にも達します。

2015年7月、NASAはケプラーが地球に非常に似た惑星を発見したと発表しました。この惑星ケプラー452b（本章扉はその想像図）は、はくちょう座にある恒星ケプラー452のまわりをまわっています。ケプラー452は太陽と同じG型とよばれるタイプの恒星で、サイズは太陽の1.1倍で、太陽より20％ほど明るいとのことです。年齢は約60億年で、太陽よりも少しだけ年

コロー7bの想像図。恒星から250万キロメートルというきわめて近い軌道をまわっていて、表面は2000℃もの灼熱にさらされる。（提供：ESO）

をとっています。ケプラー４５２ｂはこの恒星から１・０５天文単位のところをまわっています。太陽と地球の距離とほとんど同じです。直径は地球の約１・６倍、質量は地球の約5倍で、スーパー・アースに分類される惑星です。公転周期は３８５日です。

ケプラー４５２ｂが興味深いのは、この惑星がハビタブルゾーンをまわっていることです。つまり、この惑星は大気をもち、表面に液体の水が存在する可能性があるのです。

ケプラーはそれまでも地球に似た惑星をいくつか発見していました。２０１１年に発見されたケプラー22ｅは、はじめて発見された地球よりも小さい惑星でした。太陽より少し温度が低く、サイズの小さな太陽に似た星を６日間でま

グリーゼ667Cの岩石型系外惑星の表面の想像図。太陽が3つある。（提供：ESO）

わっていました。しかし、恒星に近すぎるため、大気や液体の水は存在できないと考えられました。同じ頃発見されたケプラー22bは、ハビタブルゾーンに存在する最初の惑星でした。しかし、固体の表面を持っているとは考えられませんでした。ケプラー186fは2014年に発見された地球サイズの惑星で、ハビタブルゾーンをまわっていました。しかし、この惑星がまわっているのは、太陽の半分ほどのサイズと質量をもつ「赤色矮星《せきしょくわいせい》」に分類される恒星でした。赤色矮星は太陽より温度が低く、サイズが小さな恒星です。

　これらの惑星に比べると、ケプラー452bは、太陽に似た恒星をまわる地球に非常に似た惑星といえます。

　ケプラーだけでなく、地上の望遠鏡でも岩石惑星は発見されています。たとえばESOのラ・シヤ天文台の望遠鏡は、さそり座のグリーゼ667Cという恒星に3個のスーパー・アースを発見しました。これらの惑星はいずれもハビタブルゾーンに存在していました。グリーゼ667Cは、3個の恒星がお互いのまわりをまわる三重連星系の恒星

の1つです。グリーゼ６６７Ｃの惑星の表面に立てば、空に3個の太陽が輝いているのが見えるでしょう。

◆系外探査への期待

ＮＡＳＡはケプラーの後継機としてＴＥＳＳを２０１７年に打ち上げる予定です。ＴＥＳＳは20万個以上の恒星を観測し、巨大ガス惑星やスーパー・アースを観測します。また、地球サイズの岩石や氷の惑星も調べることになっています。こうした探査の成果は、ＮＡＳＡが２０１８年に打ち上げを予定しているハッブル宇宙望遠鏡の後継機ジェームズ・ウェッブ宇宙望遠鏡や、日本やアメリカなどがハワイに建設を計画しているＴＭＴ（30メートル望遠鏡）など、次世代の超高性能望遠鏡の観測に利用されることになるでしょう。系外惑星の研究は新たな段階に入り、地球型惑星の大気を直接観測して、何らかの生命活動があるかどうかを調べることさえ行われるでしょう。

この宇宙に惑星をもった恒星がどれだけ存在するのか、しばらく前まで、私たちは何も知りませんでした。しかしながら、系外惑星の探査によって、宇宙には惑星をもった恒星が非常にたくさん存在し、惑星のありようも様々であることがわかりました。私たちの宇宙観は変わろうとしています。また、宇宙という広い視野から、私たちの太陽系を考えるきっかけにもなっています。

	ガス惑星		氷惑星		準惑星
火星	木星	土星	天王星	海王星	冥王星
1.52	5.20	9.54	19.19	30.07	39.48
3,390	69,910	58,230	25,360	24,620	1,185
0.53	10.97	9.14	3.98	3.86	0.18
0.11	317.83	95.16	14.54	17.15	0.002
3.93	1.33	0.69	1.27	1.64	2.05
24.62時間	9.93時間	10.66時間	17.24時間	16.11時間	6.39日
686.98日	11.86年	29.45年	84.02年	164.79年	247.8年
2	67	62	27	14	5

天体	岩石惑星		
	水星	金星	地球
太陽からの平均距離（天文単位AU）	0.39	0.72	1
平均半径（km）	2,440	6,050	6,370
平均半径（地球＝1）	0.38	0.95	1
質量（地球＝1）	0.06	0.82	1
平均密度（水＝1）	5.43	5.24	5.51
自転周期	58.65日	243.68日	23.93時間
公転周期	87.97日	224.70日	365.26日
確認された衛星数	0	0	1

＊天文単位AU：1AU＝1.5×10^{8}キロメートル

天体	衛星
	月
地球からの平均距離（km）	384,400
平均半径（km）	1,738
平均半径（地球＝1）	0.27
質量（地球＝1）	0.012
平均密度（水＝1）	3.34
自転周期	27.32日
公転周期	27.32日

あとがき

惑星科学の世界は、まさに日進月歩です。NASAをはじめ各国の宇宙機関や天文台のウェブサイトには毎日のように新情報がアップされ、新しい論文が次々と発表されています。本書の内容は2016年2月までの情報を盛り込んでいますが、すぐに新しい知見が加わっていくことでしょう。

しかし、これは惑星科学が爆発的に進んでいる証拠であり、歓迎すべきことであると、私は考えています。太陽系についての新しい知識は、私たちの宇宙観をより豊かなものにしていきます。

本書では本文の理解を助けるため、惑星探査機や大型望遠鏡による観測画像を多数紹介しました。これらの画像はNASA（アメリカ航空宇宙局）、ＳＴＳｃＩ（ハッブル宇宙望遠鏡科学研究所）、ＮＯＡＡ（アメリカ海洋大気庁）、ケック天文台、ＥＳＡ（ヨーロッパ宇宙機関）、ＥＳＯ（ヨーロッパ南天天文台）、ロシア科学アカデミー、そしてＪＡＸＡ（宇宙航空研究開発機構）から提供されました。画像に出所表記のない画像はすべてＮＡＳＡから提供されたものです。

また、太陽系天体の基礎データは、ＮＡＳＡによるものを用いています。

本書の刊行にあたっては、株式会社ウェッジ書籍部担当部長の海野雅彦氏と書籍編集室の新井梓さんにお世話になりました。深く感謝いたします。

２０１６年２月

寺門和夫

◆ 著者略歴 ◆

寺門和夫

Kazuo Terakado

科学ジャーナリスト、一般財団法人日本宇宙フォーラム主任研究員。長年にわたって宇宙開発、天文学、惑星科学などについて取材してきた。主な著書に『ファイナル・フロンティア:有人宇宙開拓全史』、『[銀河鉄道の夜]フィールド・ノート』、『超絶景宇宙写真』、『宇宙から見た雨』、『地球温暖化のしくみ』、主な訳書に『グリニッジ天文台が選んだ絶景天体写真』、『宇宙はどこまで広がっているか』、『火星からのメッセージ』、主な翻訳監修書に、『ドラゴンフライ:ミール宇宙ステーション悪夢の真実』などがある。

ウェッジ選書56

まるわかり 太陽系ガイドブック

2016年3月20日 第1刷発行

著　　者　寺門和夫

発 行 者　山本雅弘

発 行 所　株式会社ウェッジ

〒101-0052 東京都千代田区神田小川町一丁目3番地1

NBF小川町ビルディング3F

電話:03-5280-0528 FAX:03-5217-2661

http://www.wedge.co.jp/ 振替 00160-2-410636

装丁・組版　上野かおる＋東浩美

印刷・製本　株式会社暁印刷

＊定価はカバーに表示してあります。 ISBN978-4-86310-161-6 C0344